自然环境下的
人脸表情识别关键技术研究

Research on the Key Technologies for
Human Facial Expression Recognition in the Wild

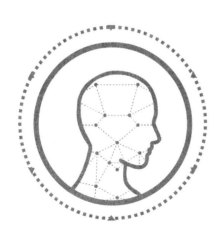

DOCTORAL

电子科技大学出版社
University of Electronic Science and Technology of China Press

·成都·

图书在版编目（CIP）数据

自然环境下的人脸表情识别关键技术研究 / 谢远伦，
田文洪著. -- 成都：成都电子科大出版社，2025.4.
ISBN 978-7-5770-1535-4

Ⅰ. TP391.413

中国国家版本馆 CIP 数据核字第 2025N8F548 号

自然环境下的人脸表情识别关键技术研究
ZIRAN HUANJING XIA DE RENLIAN BIAOQING SHIBIE GUANJIAN JISHU YANJIU

谢远伦　田文洪　著

出 品 人　田　江
策划统筹　杜　倩
策划编辑　李　倩
责任编辑　李　倩
责任设计　李　倩
责任校对　姚隆丹
责任印制　梁　硕

出版发行　电子科技大学出版社
　　　　　成都市一环路东一段159号电子信息产业大厦九楼　邮编　610051
主　　页　www.uestcp.com.cn
服务电话　028-83203399
邮购电话　028-83201495

印　　刷　成都久之印刷有限公司
成品尺寸　170 mm×240 mm
印　　张　12.75
字　　数　190千字
版　　次　2025年4月第1版
印　　次　2025年4月第1次印刷
书　　号　ISBN 978-7-5770-1535-4
定　　价　78.00元

序
FOREWORD

当前，我们正置身于一个前所未有的变革时代，新一轮科技革命和产业变革深入发展，科技的迅猛发展如同破晓的曙光，照亮了人类前行的道路。科技创新已经成为国际战略博弈的主要战场。习近平总书记深刻指出："加快实现高水平科技自立自强，是推动高质量发展的必由之路。"这一重要论断，不仅为我国科技事业发展指明了方向，也激励着每一位科技工作者勇攀高峰、不断前行。

博士研究生教育是国民教育的最高层次，在人才培养和科学研究中发挥着举足轻重的作用，是国家科技创新体系的重要支撑。博士研究生是学科建设和发展的生力军，他们通过深入研究和探索，不断推动学科理论和技术进步。博士论文则是博士学术水平的重要标志性成果，反映了博士研究生的培养水平，具有显著的创新性和前沿性。

由电子科技大学出版社推出的"博士论丛"图书，汇集多学科精英之作，其中《基于时间反演电磁成像的无源互调源定位方法研究》等28篇佳作荣获中国电子学会、中国光学工程学会、中国仪器仪表学会等国家级学会以及电子科技大学的优秀博士论文的殊誉。这些著作理论创新与实践突破并重，微观探秘与宏观解析交织，不仅拓宽了认知边界，也为相关科学技术难题提供了新解。"博士论丛"的出版必将促进优秀学术成果的传播与交流，为创新型人才的培养提供支撑，进一步推动博士教育迈向新高。

青年是国家的未来和民族的希望，青年科技工作者是科技创新的生力军和中坚力量。我也是从一名青年科技工作者成长起来的，希望"博士论丛"的青年学者们再接再厉。我愿此论丛成为青年学者心中之光，照亮科研之路，激励后辈勇攀高峰，为加快建成科技强国贡献力量！

中国工程院院士

2024 年 12 月

前 言

PREFACE

近年来，随着计算机视觉和深度学习技术的快速发展，人脸表情识别作为人工智能的一个重要应用领域，受到了越来越多的人关注。人脸表情识别不仅广泛应用于娱乐和安全领域，还在医疗、教育以及人机交互等方面显示出巨大的潜力。尽管技术的进步带来了许多创新算法，但在复杂的自然环境中，现有的表情识别方法仍然面临诸多挑战，如光照变化、分辨率退化、复杂背景干扰等因素的影响，导致模型在实际场景中的表现受限。本书正是在此背景下，围绕"如何在自然环境中提升人脸表情识别的性能"这一核心问题展开研究，旨在为表情识别技术提供新的理论方法和技术支持。

首先，在多层次特征提取与融合方面，我们提出了一种能够从不同尺度和层次提取表情特征的新型识别方法。该方法结合了全局和局部的注意力机制，从浅层到深层来捕获丰富的特征信息，从而提升模型在复杂环境中的识别性能。其次，针对表情特征的关键性问题，引入了特征增强机制，通过视觉变换器在通道和空间维度上优化特征表示，进一步提升了识别性能，尤其是在动态和干扰性强的环境中。本书的研究成果表明，优化后的模型在多个主流数据集上均获得了显著的识别准确度提升。此外，本书还探讨了在光照和分辨率受限条件下的表情识别方法。为了应对低光照环境带来的挑战，我们提出了一种低光图像增强和表情识别的联合学习框架，使得模型在光照不足的场景下依然具备较高的识别精度。对于低分辨率图像，我们还设计了结合超分辨率技术的联合学习架构，不仅恢复了关键的细节特征，还增强了模型在低分辨率条件下的泛化能力。这些技术的应用有效地扩展了人脸表情识别模型在多种实际应用场景中的适应性。

特别致谢我的导师田文洪教授以及新加坡南洋理工大学文碧汉教授，他们在学术和生活上给予我无私的指导和帮助。同时，感谢电子科技大学和南洋理工大学的师生朋友们在这项研究过程中给予的鼓励和支持。无论是理论研究的深度挖掘，还是实验验证的持续推进，本书的完成都离不开他们的帮助。

本书旨在为从事计算机视觉和深度学习的人士提供参考，也希望为人脸表情识别在自然环境下的实际应用提供新思路和技术支持。希望本书能为相关研究人员、技术开发人员带来启发，共同推动人脸表情识别技术在真实场景中的落地和发展。

为了表达的正确性，同时考虑受众的阅读习惯，本书中保留了原文献中的英文表达。尽管做了大量工作，由于笔者知识水平有限，书中难免有不妥之处，恳请读者不吝批评和指正。

谢远伦

2024 年 12 月

缩略词表

英文缩写	英文全称	中文全称
BN	batch normalization	批归一化
CA	channel attention	通道注意力
CE	channel enhancement	通道增强
CNN	convolutional neural network	卷积神经网络
DL	deep learning	深度学习
FE	feature extract	特征提取
FER	facial expression recognition	人脸表情识别
FF	feature fusion	特征融合
FM	feature map	特征图
GAN	generative adversarial network	生成对抗网络
LL	low-light	低光照
LR	low-resolution	低分辨率
MSE	mean squared error	均方误差
NL	normal-light	正常光照
NR	normal-resolution	正常分辨率
PA	pixel attention	像素注意力
PSNR	peak signal-to-noise ratio	峰值信噪比
SEB	spatial enhancement	空间增强
SR	super-resolution	超分辨率
ViT	vision transformer	视觉变换器
SSIM	structural similarity index	结构相似性指数
CAM	class activation mapping	类激活映射
MsAC	multi-stage attention-aware consistency	多阶段注意力感知一致性
PC	predictive consistency	预测一致性

目录
CONTENTS

 第一章

绪　论

1.1　研究背景与意义

随着人工智能技术在社会生活、商业和安全等多个领域的深度应用和普及，这一新兴技术正在从多个层面深刻地影响着人们的生活方式和工作方式。由2017年国务院印发的《新一代人工智能发展规划》以及王国胤等人[1]在2019年的《中国人工智能发展报告》等重大规划、报告可以看出，我国对人工智能技术的发展与应用格外重视，已经逐步上升到国家战略发展层面。这些规划和报告强调了人工智能技术的重要性和发展方向，同时也揭示了我国在人工智能领域所取得的显著进步。报告还进一步显示出我国已经逐渐形成了多层级的人工智能人才培养体系，这标志着我国在人工智能领域的发展中迈出了关键的一步。此外，人工智能技术在全球范围内备受瞩目，被认为是推动新时代科技与产业前进的重要因素。各国愈加重视，纷纷加大投入，迫切希望在人工智能领域取得更多进展与突破，以应对未来社会在商业和国家安全等众多领域的挑战和机遇。而在人工智能领域，我国特别关注与视觉相关的理论与应用的研究进展，尤其是视觉中的图像智能处理与分析技术。这一研究方向在2016年国务院印发的《"十三

五"国家科技创新规划》中被明确提及。这反映了国家对图像处理技术的战略性重视，并预示着在这一领域的科研与创新将受到更多的关注，得到更多的支持。

随着人工智能在视觉和图像智能处理分析技术方面的显著进步，这些技术的应用范围也在不断扩大，特别是在人脸表情识别领域。图像处理技术的核心在于赋予计算机对视觉信息的理解能力，而人脸表情作为一种复杂且丰富的视觉信息，其自动识别与分析对深化机器对人类情感和社会交往的理解至关重要。因此，将先进的图像处理技术应用于人脸表情识别，不仅是技术发展的自然延伸，也是人工智能领域中一个极具挑战和应用价值的研究方向。

表情是人类情绪外在展现的关键方式之一，承载着丰富的情感内涵，因而常被视为情绪分析的关键依据。它是天生情感反应与后天经历相互作用的结果。某些基本的表情，如快乐和悲伤，在不同文化中普遍存在，表达方式也相似。然而，一些特定的表情，如轻视或鄙视，在不同文化中的表达则各异。因此，对表情的深入研究有助于增进对多元文化的理解。人类交流中尽管已存在众多沟通方式，但面部表情仍扮演着关键角色。与语言、文字、姿势等相比，表情更直观地揭示了对话者的真实情感状态。研究显示，在所有交流形式中，面部表情传达的信息量最大，它的效果在于能直接、有效地展现人的复杂情感，这强调了表情在人际交流中的核心地位。从信息的真实性角度出发，面部表情所传递的信息远比语言和文字更为直观和准确。

在当前智能社会的演进中，赋予机器理解、表达人类情感的能力，以实现更加高效和自然的人机互动，正成为人工智能领域的关键研究主题。人脸表情图像，作为一种容易获取且能真实映射情感的媒介，在这个过程中扮演着极其重要的角色。人类作为具有高度社会性的生物，已经可以通过声音、文字、眼神及肢体动作等多种手段进行沟通。在众多沟通方式中，人脸表情是一种最原始的、与生俱来的交流形式，它不只直接展现交流者的情绪，更能表达其深层次的思考和感受。因此，近年来机器对这些表情的理解和识别逐渐成为人工智能研究的焦点。人脸表情识别的研究涉及心理学、生理学、认知科学、计算机视觉、机器学习以及人工智能等多个学科，不仅推动了跨学科的融合发展，也对社会的整体进步产生了积极影响[2]。在这一研究领域中，计算机对人脸表情的自动识别技术已经被广泛应用于多个场景，这不仅标志着该技术的重要性，也预示着它在提高人们生活品质方面的深远影响。人脸表情识别的具体应用领域主要有如下几个方面。

1. 人机交互

人机交互的研究重点是增强机器对人类行为及需求的敏感反应。用户在互动中所表现的多样情绪若被准确解读，将极大地优化交互体验。当前的智能系统通过集成先进的人脸表情识别技术，能迅速分析用户情绪，如愉悦、悲伤或愤怒，并据此调整响应。这种技术的应用，如在智能客服或交互式娱乐中，会极大地提升交互的自然度和情感质量。

2. 公共安全

在公共安全领域中，人脸表情识别技术的应用极为重要，尤其是在高效运作和监控系统中。监控中捕捉到的人群面部表情变化，如显示恐惧或激动的迹象，可能指示紧急情况。运用表情识别技术的监控系统可以迅速准确地辨认这些关键情绪指标，使安全人员能够及时响应，有效预防和减少公共场所的安全风险。

3. 虚拟现实（VR）

在VR领域，人脸表情识别技术正变得日益关键，它为用户提供更加真实、沉浸式的体验。用户在虚拟环境中的表情是其情感反应的直接体现。整合了表情识别的VR系统可以敏锐捕捉这些表情变化，如兴奋或畏惧，并据此调整虚拟场景，增强虚拟体验的真实感和互动性。

4. 医疗

在医疗领域中，尤其是在情绪类疾病的诊断与治疗方面，人脸表情识别技术发挥着至关重要的作用。患者的面部表情，如显露出的悲伤、疲劳或木楞等，是了解其情绪状态的关键。表情识别技术能够精确捕捉这些情绪表达，协助医生更早地识别和干预抑郁症状。同时，这一技术在追踪治疗进程中亦展现出其价值，通过定期监测患者表情的变化，可以有效评估治疗效果，进而优化治疗计划。

5. 驾驶安全

驾驶安全领域对汽车安全性的关注持续升温，其中驾驶员的行为规范至关重要。驾驶员在行驶过程中可能因情绪波动产生危险驾驶行为，这类行为会严重威胁行车安全。搭载人脸表情识别技术的智能驾驶辅助系统能迅速识别驾驶员当前的情绪状态，如情绪失控或疲劳，并及时提醒驾驶员，有效预防交通事故的发生。

6. 刑事侦查

在刑事侦查领域中，人脸表情识别技术也是一种关键工具，特别是在审讯和行为分析的过程中。在审讯中，嫌疑人的面部表情可能透露出其内心的紧张、慌张或恐惧等情绪状态，通过精确的表情识别，为侦查人员提供重要线索，侦查人员可以更有效地评估嫌疑人的真实性，提高案件侦破效率。此外，这项技术对捕捉嫌疑人细微的非言语反应同样至关重要，帮助揭示可能的隐藏信息，从而在解决复杂案件中发挥不可替代的作用。

在早期的人脸表情识别研究中，学者们主要依赖传统的图像处理技术和手工特征提取方法，例如基于几何特征的方法或者局部纹理分析。这些方法虽然在一定程度上可以识别基本表情，但受限于特征提取的局限性和手工设计的复杂性，它们往往难以处理复杂的情感变化和应对现实环境中的多样性情况。此外，这些传统方法在特征的高层抽象和深层次情感理解方面存在明显不足。随着深度学习技术的兴起，尤其是卷积神经网络（CNN）在图像识别领域的突破性应用，人脸表情识别领域的研究也迎来了革命性的变化。不同于传统方法，深度学习能够自动从大规模数据中学习复杂的特征表示，有效提取丰富的情感信息。深度神经网络提取的特征不仅包含丰富的低层次细节信息，还能够捕捉到高层次的情感状态，使得模型在理解人类情感方面的能力更强。因此，基于深度学习的方法已经成为人脸表情识别研究的主流。此外，随着国内外众多研究团队的积极探索，人脸表情识别技术在理论和实践上都取得了显著的进步。这些研究不仅加深了对人类情感表达的理解，还推动了人机交互技术的发展，使得计算机能够更好地理解和响应人类的情感需求。越来越多的相关研究成果在国际顶级期刊和会议上发表，为计算机视觉领域，特别是在人脸表情识别的研究方面，开辟了新的研究方向。

1.2 人脸表情识别的国内外研究历史

本节将重点讲述当前深度学习技术发展背景下，人脸表情识别方法的研究动态，包括国际与国内的研究进展，并对现阶段该技术的局限性进行深入分析。

1.2.1 人脸表情研究的发展历史

在中国的传统医学中，人的情志活动与脏腑气血之间的关系被赋予了重要意义。《阴阳应象大论》描述了情志与脏腑之间的相互作用，如心与喜、肝与怒等的对应关系。这反映了中医在看待人体健康时，不仅强调其与自然界的联系，还注重身心的统一。宋代学者陈无择的"三因学说"进一步阐释了情志与五脏六腑之间的紧密联系，认为情志的变化能显著影响个体的健康，如情绪波动可能导致疾病的加重。

中国古代在情绪研究上起步较早，对后世的表情识别研究产生了深远的影响，也在一定程度上促进了西方的情绪理论研究。西方的基本情绪理论，作为现代面部表情科学的重要理论之一，其影响力贯穿于文学、医学和心理学等多个领域。中国古代的情绪观念与西方的基本情绪理论共同为现代表情识别技术的发展提供了理论支持，展示了跨文化的学术交流与融合。

西方关于面部表情的研究起步于19世纪，查尔斯·达尔文的著作《人类和动物的表情》[3]在这一领域具有重要意义。在此著作中，达尔文首次全面分析了人类与动物在表情方面的相似之处与差异，并将其与进化理论紧密联系起来，阐释了情绪表现与生物学进化的关系。这项开拓性的研究不仅支持了物种起源理论，也为心理学研究提供了新的视角，推动了该领域从研究意识本身向探讨智慧的起源，乃至以行为本身为研究对象的机能主义心理学的转型。达尔文在其著作中详尽地讲述了人类和动物特有的各种表情，如痛苦、喜悦、愤怒和憎恨等，这些覆盖了情感表达的广泛领域。他的研究不仅在心理学和生物学中产生了深远的影响，而且为面部表情科学的研究奠定了坚实的基础，加深了对情感表达和认知过程的理解，并为现代面部表情识别技术的发展提供了理论支持。

在现代人脸表情识别领域，1978年，Ekman等人[4]的工作被视为具有里程碑意义。他们深入研究了人类的六种基本表情：高兴、悲伤、惊讶、恐惧、愤怒和厌恶。当前的基本表情已经扩展为七类，如图1-1所示。通过他们的研究，确定将这些表情作为识别和分类的关键对象。他们还建立了一个庞大的人脸表情图像数据库，其中包含了上千幅展示不同表情的人脸图片，并对每一种表情造成的面部变化进行了详细的描述。这些描述涵盖了眉毛、眼睛、眼睑、嘴唇等面部特征的具体变化。他们的工作不仅在心理学和行为科学领域产生了广泛影响，也为后续的人脸表情识别技术和相关计算机视觉研究奠定了坚实的基础。同年，Suwa等人[5]的工作在面部表情识别研究中开辟了新的方向，他们引入了一种创新的方法，专注于通过分析连续视频帧中面部关键点的变化来实现对面部表情的自动识别，从而将这一研究主题有效地结合进了计算机视觉领域。通过对人脸视频动画的初步实验，Suwa及其团队探索了图像序列中面部表情的自动分析，这是在该领域的一次重要尝试。他们的工作专注于捕获并分析视频中面部特征点的运动，为后续的面部表情识别技术的发展提供了新方法，对计算机视觉的进步产生了深远的影响。

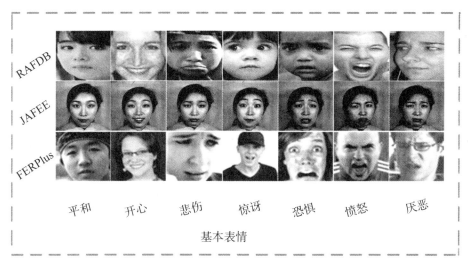

基本表情

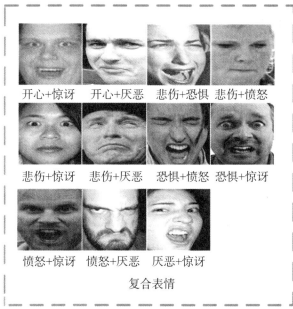

复合表情

图1-1　不同数据集中的人脸表情样例

1991 年，Mase[6]的研究引入了利用脸部光流变化来表征表情信息的方法，为人脸表情识别领域开辟了新的研究方向。他们的方法使用光流技术来确定面部肌肉运动的主要方向，并基于此进行面部表情的识别。这项创新性的研究使得自动面部表情识别技术进入了一个新的发展时期，极大地推动了面部表情识别技术的发展。此外，Li 等人[2]对当前人脸表情识别领域的研究进行了深入分析，从算法和数据库两个核心方面探索了该领域的最新进展。在数据库方面，他们指出表情识别研究已从以往实验室环境下的小规模样本数据库转向现实生活场景中的大规模、多样化数据库。就算法而言，传统的手工特征提取和浅层学习方法已不足以应对实际应用中的多种干扰因素，如光照变化、头部姿势差异和面部遮挡等。因此，越来越多的研究开始采用深度学习技术应用于人脸表情识别，以提高识别效果和适应性。这些进展不仅显示了该领域的技术革新，也标志着人脸表情识别技术在向更高级别的适应性和准确性迈进。

1.2.2 人脸表情识别方法概述

1. 人脸表情识别的阶段

人脸表情识别过程涉及计算机获取并分析人脸表情图像，提取关键特征信息，并依据人类的思维模式进行情绪的判定和分类。这个过程的目标是识别图像中所呈现的人类情绪状态，如高兴、悲伤、惊讶、愤怒、恐惧和厌恶等。传统的人脸表情识别方法一般包括人脸图像信息的获取（输入）、图像的预处理（包括人脸的检测和提取）、图像特征的表示和提取，以及特征分类器的训练或学习等关键步骤。这些步骤构成了人脸表情识别系统的基本框架，如图 1-2 所示。

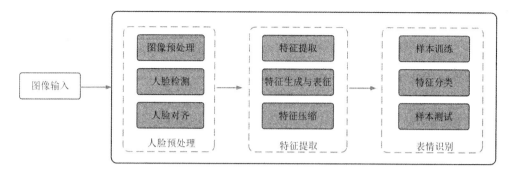

图1-2 人脸表情识别系统的基本框架

通过这几个阶段的综合处理，系统能够有效地解读和分类人脸表情，为情感分析和人机交互提供支持。下面对人脸表情识别的各个阶段进行简要的介绍。

（1）人脸表情图像预处理。人脸表情图像预处理是人脸表情识别过程中的重要环节，包括从获取图像到为识别过程准备图像的一系列步骤。该过程起始于通过摄像设备获取静态或动态的人脸图像，这些图像经常会受到复杂背景、光照变化和自由姿势下头部位置变化等因素的影响。针对这些挑战，通常会采用人脸检测技术来从背景中分离出人脸区域。在人脸检测领域，Viola-Jones算法[7]和Open CV是广泛采用的技术，而Dlib[8]和AdaBoost[9]也是备受青睐的方法。完成人脸定位后，接下来就是提取人脸区域及进一步处理，如进行人脸分割、调整图像清晰度和对比度、图像缩放、灰度转换及标准化等。另外，由于图像传感器的局限性，所采集的图像往往会含有噪声，这对后续处理会产生显著影响，因此去噪处理成为预处理的必要环节。光照条件也是影响人脸表情识别的重要因素，尤其是在低光照环境下，它不仅影响识别的准确性，甚至可能导致人脸检测失败。因此，在进行人脸检测之前，可能需要对图像中的噪声和光照条件进行调整，这些步骤统称为图像质量的预处理。需要指出的是，一些表情识别研究中提及的预处理通常指的是为了更好地提取表情特征而对人脸图像进行的处理，如人脸对齐、头部姿态校正和数据增强等，这些通常在人脸检测之后进行。人脸检测在整个预处理过程中占据至关重要的位置。如果人脸检测不准确或失败，将直接影响到后续的表情识别过程。因此，精确的人脸检测是实现有效表情识别的前提条件。在人脸表情图像中，除了核心的人脸信息外，还常常夹杂着诸如头发、帽子和衣服等非必要信息。为了训练出准确的模型，在将这些图像用于训练之前，进行人脸检测和裁剪、数据标准化等预处理操作是必要的，以消除这些冗余信息的干扰，确保获取到质量较高的人脸表情图像数据集。

（2）人脸表情特征提取。特征提取主要负责将捕获的图像数据转化为有用的描述性数据。这一过程的研究重心在于挖掘能够显著区分不同表情类别的特征，并同时优化算法以减少内存消耗。特征提取的方法主要分为两类：一是传统的特征提取方法，二是基于深度学习的特征提取方法。传统的特征提取方法可进一步分为基于几何特征的方法和基于表观特征的方法。基于几何特征的方法依赖面部关键点的几何模型，通过分析这些点的位置信息或者运动信息来表征表情的变化。在这个领域中，Huang 等人[10]提出的点分布模型是发展中的关键，该模型通过追踪人脸的关键点位置（如双眼、嘴巴、鼻子等）的变化来展现面部表情特征。1998 年，Cootes 等人[11]在点分布模型的基础上进一步提出了主动表观模型。这个模型不仅包括形状信息，还增加了面部内部纹理细节信息，使得提取的表情特征更加准确可靠。而基于表观特征的方法则从整张人脸图像的底层像素中提取表情信息，着重展现人脸中的局部纹理细节。这类方法通常涉及对人脸图像进行变换，然后从变换域系数中提取表情特征。这个领域中的典型图像变换方法包括 Gabor 小波变换法[12-13]、局部二值模式[14]等。基于几何特征的方法侧重体现面部整体信息的变化，而基于表观特征的方法则侧重描述面部丰富纹理区域的细节变化。这些方法虽然在提取图像中的底层特征（如边缘）方面表现出色，并具有较高的可解释性，但在处理更为复杂的高层次特征时则表现不好，这在实际应用中往往导致识别效果不佳。与之相对的是基于深度学习的特征提取方法，尤其是深度学习特征提取技术，例如卷积神经网络，通过从大量训练数据中自动提取特征，展现出显著的优势[15]。深度学习方法不仅有效地整合了空间特征，还可作为时序学习的输入，因此在表情特征自动识别方面的应用前景更为广阔。表情特征提取的根本目的在于尽可能地消除与表情无关的信息，同时抽取出能够反映人脸表情本质的关键特征。因此，在人脸表情识别系统中，特征提取算法的效果直接影响着最终分类和识别算法的性能。选择和优化合适的特征提取方法对提高整个系统的准确性和效率至关重要。

（3）人脸表情特征分类。表情分类是人脸表情识别流程最后阶段的关键，主要涉及将提取的特征与具体表情相映射。此过程常采用多种分类器进行训练和实施，如K近邻算法（KNN）、支持向量机（SVM）等。KNN是一种无监督聚类算法，根据特征与类中心的距离判断类别归属，而SVM在高维空间寻找区分不同类别的最优超平面，并利用核函数处理高维数据以避免维数灾难。Adaboost算法通过迭代方式级联多个弱分类器形成强分类器，以提升分类效果。人脸表情识别研究也涉及基于贝叶斯网络的分类方法和基于距离度量的分类方法。例如，有研究使用朴素贝叶斯、树增强器和隐马尔科夫模型进行特征分类[16]。基于距离度量的方法，如近邻法和SVM，通过计算样本间的距离实现分类。研究表明，近邻法的分类准确率依赖于样本数量[17]。有研究者提出将KNN与SVM结合的局部SVM分类器，以及SVM与树型模块结合的CSVMT模型以解决分类问题[18-19]。深度学习算法的兴起为人脸表情分类带来了新视角。尤其是卷积神经网络和循环神经网络等深度神经网络架构，被认为是有效的图像分类方法，在人脸表情识别领域得到广泛应用[20]。深度学习网络通过从大量样本中学习，获取规则的隐性描述，尤其是在处理非线性分类问题时表现突出。这些算法通过优化特征提取和分类权重，有效识别各种面部表情，将自动提取的特征输入传统分类器中，提高识别精度。虽然深度学习算法在分类准确性上有优势，但它通常缺乏可解释性且对数据样本数量要求较高。

2. 根据表情属性划分的三类人脸识别方法

在当前的人脸表情识别方法中，人脸表情识别方法根据表情属性的不同，可以划分为三大类：一是基于基本表情的识别方法，二是基于微表情的识别方法，三是基于复合表情的识别方法。每种方法侧重于不同类型的表情特征，从而满足多样化的应用需求和研究目标。下面对这三类人脸表情识别方法进行简要介绍。

基于基本表情的识别方法是最原始的表情研究方法。根据基本情绪理论，此类方法识别七种基本人类表情：愤怒、平和、厌恶、恐惧、开心、悲伤和惊讶。这些表情被视为表现人类大多数心理状态的基础，具有独立的语义正交性，换句话说，就是它们不能由其他表情组合而成。这种独特性让基本表情成为以最简洁和高效的方式表达个体内心情绪的理想选择。基于这七种基本表情的识别技术在科学研究领域受到广泛关注，因为这些技术不仅是解析人类情感表达的关键，也为微表情和复合表情识别提供了理论基础。在技术实现方面，这类识别技术通常涉及复杂的算法流程，包括面部特征的提取、表情动态的细致分析和基于多种模型的表情分类。这些步骤需要大量数据和精确的算法设计来支持。研究者们致力于探索更高效的特征提取和分类方法，以提高识别的准确性和处理速度。基于基本表情的识别方法的应用领域十分广泛，从情感计算到人机交互，再到心理健康评估，其在理解和响应人类情感需求方面发挥着关键作用。

基于微表情的识别方法是近年来研究细微表情的方法。微表情是人在试图掩饰真实情绪时不自觉展现的快速、微妙面部动作。这些表情的持续时间极短，通常在1/25秒到1/5秒之间，且强度远低于标准的宏表情。微表情的短暂和微妙特性为数据采集和特征提取带来了巨大挑战。通常需要高速摄像机来捕捉这些瞬间表情变化，并利用先进的图像处理技术提取有用信息。微表情识别技术在多个领域有着重要应用，如心理健康评估、法律审判、安全和商业谈判等。在这些领域中，微表情识别技术能够揭露个体隐藏的情感状态，为专业人员提供关键信息。微表情识别的研究重点包括准确捕捉和识别这些短暂表情变化，以及如何从这些微妙的动作中提取心理和情感信息。

基于复合表情的识别方法是识别一个表情图像中包含两种或者两种以上表情的方法。在现实生活中，人们往往不是仅表达单一情绪，展现出的多是多种情绪的复合。复合表情识别技术致力于解读这些复杂的情感表达，如同时展示开心和惊讶、悲伤和愤怒、恐惧和厌恶等。复合表情的识别需要对多种基本表情的组合进行精确分析，这在技术上提出了更高的要求。复合表情识别不仅依赖于对基本表情的理解，还需要对情感表达的多样性和复杂性有深入的认知。研究者们正在开发新的算法和模型，如运用深度学习技术提取更丰富的面部特征，或者融合多模态数据以提高识别的准确性和鲁棒性。复合表情识别的研究对更好地理解人类情感的复杂性至关重要，对心理学研究、社交互动分析和人机交互设计都具有重要意义。

3. 两种主流的人脸表情识别方法

本书主要专注于探讨基于静态图片的基本表情识别方法。这一领域的核心在于特征提取方法，其与通用图像分类技术有着相似之处。在图像分类的背景下，研究者致力于改善对图像全局特征的表达，以提升整体的识别准确性。然而，针对人脸表情识别的特殊性，该技术要求更为专门和优化的方法设计。

目前，人脸表情识别有两种主流方法：基于传统技术的方法和基于深度学习技术的方法。基于传统技术的方法主要集中于从图像中手动提取面部的几何特征和表观特征。这些特征包括面部关键点的位置信息和局部纹理细节，关注于揭示表情变化的关键要素。尽管如此，这些传统方法在处理实际应用中的复杂场景时可能存在局限，尤其是在多变的背景和光照条件下。基于深度学习技术的方法提供了一种更为强大和灵活的解决方案。特别是卷积神经网络这类深度学习技术，能自动学习和提取高层次特征表示。这些特征不仅涵盖了面部基本信息，还包含了更为复杂的情感表达模式。通过深度学习，人脸表情识别技术能从大量训练数据中提炼出丰富而复杂的表情特征，有效提升在各种应用场景中的识别准确率。下面对这两类人脸表情识别方法进行简要介绍。

（1）基于传统技术的人脸表情识别方法。从1978年Suwa等人[5]的初始尝试开始，人脸表情识别领域经历了显著的发展。Suwa团队首次探索了人脸表情自动化分析，为后续研究奠定了基础。1991年，Terzopoulos和Waters[21]利用简化的Ekman-Friesen模型分析了序列人脸图像。同年，Mase等人[6]通过计算机处理人工表情分类，指明了现代人脸表情识别技术的研究方向。此后，多位研究者采用各种手工特征提取方法进行图像特征提取和分类。Lyons等人[22]于1999年提出了一种基于人脸网格变形的方法，应用Gabor滤波器提取特征并进行分类。Gu等人[23]通过网格元组划分人脸，并采用Gabor滤波器组进行特征提取。接着，Littlewort等人[24]设计了基于Gabor滤波器的Adaboost算法以增强特征表征，并利用SVM进行分类。Shan等人[14]则使用局部二值模式（LBP）统计量提取特征，并与SVM结合进行分类。Savran等人[25]基于LBP特征和时域贝叶斯融合方法对视频、语音和词汇进行特征融合。Dhall等人[26]使用PHOG和局部相位量化特征编码纹理信息，而Sun等人[27]则结合SIFT、PHOG等多种手工特征，并提出层级分类器融合方法。这些研究展示了人脸表情识别技术的不断进步和多样化。

（2）基于深度学习技术的人脸表情识别方法。在人脸表情识别领域，基于深度学习的方法，特别是卷积神经网络的应用，标志着与传统技术截然不同的技术革新。这类方法通过对大规模数据集的深入训练，能够自主学习并提取关键的表情特征，从而有效地克服了传统手工特征提取方法的局限性。卷积神经网络等深度学习网络在图像处理领域显示了出色的特征提取能力，使得表情识别过程更加灵活和准确。这种技术优势体现在其能够自动识别和适应面部表情的复杂特征，而不再依赖如传统的68个面部关键点等人工设计的特征。此外，通过对预训练的深度学习模型进行微调，可以进一步优化这些模型以适应特定的数据集和应用场景。这种基于深度学习的方法不仅在预测性能方面表现出色，而且在特征工程方面发挥了关键作用，从而为人脸表情识别技术的发展带来了重要的创新和提升。深度学习技术的发展带来了几个关键性的改进，首先是网络输入的多样化。Luo等人[28]采用多种手工特征及其扩展，尤其是提取面部关键区域如眼睛、鼻子和嘴巴的特征，作为网络输入。这种方法的核心在于通过聚焦于面部表情的关键部位，增强网络对常见干扰因素如背景杂乱、光照变化等的抵抗能力，从而使得网络能更准确地捕捉到表情变化的细微差别。其次，添加辅助块或层的策略是为了获得不同层次的表情相关特征[29]，从而提高整体的表情识别准确率。再次，对传统的softmax损失函数进行优化，如DACL和Facenet等方法[30-31]，旨在通过增加类别间的边际距离和减少类别内的距离，从而增强模型的区分能力和泛化性。多任务融合网络的应用，将不同类型的网络在特征层或决策层进行融合[32]，这有助于提高模型的稳定性和准确率。此外，使用生成模型创造更多样化的表情数据[33]，解决了实际应用中的数据不足问题。这些深度学习的创新方法在表情识别领域的应用提供了更精确的识别性能和更广泛的适用范围，尤其是在面对多样化和复杂化的实际应用场景时。通过不断优化和改进这些技术，未来的表情识别系统将更加智能和灵活，能够在更多领域中发挥其重要作用。

在过去的十年里，人脸表情识别技术虽然取得了巨大进展，但面对适应现实生活需求的挑战仍显不足。研究者们正集中精力在真实的自然环境中进行人脸表情的精准识别，积极开发新型的深度学习模型以应对识别过程中遇到的各种干扰。尽管如此，由于人脸表情数据本身固有的多样性和复杂性，加之当前学习模型的一些限制，人脸表情识别技术依旧有广阔的提升空间。

1.2.3 常见人脸表情数据集及模型评价指标

1. 人脸表情数据集

当前主流的人脸表情数据集分别是FERPlus[34]、RAFDB[35]、AffectNet[36]。

这些数据集均在自然环境中的复杂场景中收集，或多或少具有光照不均、有遮挡、背景杂乱、拍摄角度差、光线条件不好、清晰度不够以及肤色多样性等特点，为人脸表情识别技术的研究提供了丰富而具有挑战性的测试环境。下面依次介绍这些数据集。

（1）RAFDB数据集。

RAFDB是现实世界中具有大量多样性和丰富注释的大规模情感人脸表情数据库。它包括两个不同的子集：七类基本情感的子集和十二类复合情感的子集。

（2）FERPlus数据集。

FERPlus对原始的FER2013数据集进行了投票（其中又多了三种：蔑视、未知和非人脸），并提供了标注的方式。此外，提出者们用最大投票法去除了一些不确定的图像。整个数据集由35 886张人脸表情图像、28 708张训练图像、3 589张公共测试图像和3 589张私下测试图像组成，共包含八类表情，每张图像由固定大小为48×48 ppi的灰度图像组成。

（3）AffectNet数据集。

AffectNet是一个大规模的人脸表情数据集，也是当前最大的人脸表情数据集。AffectNet的独特之处在于其多样性和大规模，它覆盖了各种种族、年龄、性别和文化背景的人物，它研究和训练人脸表情识别算法的理想资源。这个数据集不仅在人脸表情识别领域广泛应用，而且对于情感分析、人工智能和心理学研究等领域也极具价值。

2. 模型评价指标

除特别说明，本书用于评估模型准确率的性能的指标为识别准确率（accuracy）。整体识别准确率是指模型正确预测的样本数与总样本数之比。它衡量了模型对所有样本的分类准确程度。其数学公式为

$$\text{accuracy} = \frac{\text{正确预测的样本数}}{\text{总样本数}} = \frac{\text{TP}+\text{TN}}{\text{TP}+\text{TN}+\text{FP}+\text{FN}} \tag{3-13}$$

式中，TP（true positives）表示模型正确预测为正类的样本数；TN（true

negatives）表示模型正确预测为负类的样本数；FP（false positives）表示模型错误预测为正类的样本数；FN（false negatives）表示模型错误预测为负类的样本数。

1.2.4 人脸表情识别方法的挑战与不足

虽然基于深度学习的人脸表情识别技术在标准数据集上取得了良好的成就，但面对自然环境的多变性、复杂性，其表现依旧受到挑战。这些挑战可分为常见因素和较为极端的挑战性因素。常见因素包括背景杂乱、不一致的拍摄角度、光线条件、清晰度以及肤色差异等。这些因素需要人脸表情识别算法具备良好的特征提取和表征能力，以准确捕捉和解读表情信息。相对而言，低光照和低分辨率等挑战性因素则直接影响图像质量，会导致模型难以识别关键表情特征，从而影响识别准确度。

我们针对自然环境下人脸表情识别的这些挑战，提出了针对性的解决策略。对于常见的挑战因素，着重探讨了特征提取和表征的关键机制，并提出了强化这些能力的方法，以适应各种复杂的背景和条件。对于挑战性因素，如低光照和低分辨率，提出了相应的图像增强和特征恢复技术，以改善关键表情特征的可识别性，提升整体识别效果。本书的研究不仅致力于增强人脸表情识别的性能，也期待为计算机视觉领域提供新的研究方向和视角。期望本书的研究工作，能够在一定程度上缓解人脸表情识别在自然环境下的困境，为未来计算机视觉任务的其他研究提供支持。

1.3 本书的主要创新与贡献

本书的对象是计算机视觉领域的人脸表情识别任务，旨在提高深度学习模型在复杂环境中识别人脸表情的能力。针对现有人脸表情识别模型在复杂环境（如拍摄角度、光线、清晰度、肤色等不一致情况）下，特征提取以及特征表征能力上的不足，以及在具有挑战性的自然环境（如低分辨率、低光照）下的性能退化问题，本书提出了一系列创新的解决方案和算法。本书集中于两个重点：一是增强现有方法的特征提取能力并进一步强化特征表征能力；二是减少人脸表情识别模型对高质量图像的依赖性，并优化其在多种约束环境下的识别效果。本书的主要创新和贡献如下。

（1）针对常见的人脸表情识别算法在复杂性与多样性的自然环境下的特征提取不充分的问题，提出了一种能够同时考虑不同层级特征的人脸表情识别模型。本书深入挖掘和优化了人脸表情识别的特征提取阶段，通过引入深层而高效的多层次特征提取机制，确保从原始表情图像中捕获到更加丰富和深入的信息。在特征融合过程中，该模型采用合适的融合策略，动态整合各层次特征，最大化地利用提取的特征信息，从而在一定程度上提升模型在处理自然环境下人脸表情识别技术的准确率。本部分工作的主要创新与贡献如下。

①与现有的单尺度卷积核的特征提取网络不同，本书提出了一个特征提取模块来精细化地提取不同级别的人脸表情特征，采用三个带有不同尺度的卷积核的密集块去分别提取低级、中级和高级面部表情特征。弥补了单一尺度卷积核通常只能捕捉到输入数据中的局部特征的局限，打破了对于那些需要较大区域上下文信息的特征可能难以有效捕捉的困境。

②本研究设计了一种特征融合模块来融合不同级别的人脸表情特征，并用于最终的识别任务。这是一种简单而有效的融合模块，可同时聚合面部表情的全局和局部特征信息。与常规仅依赖单一层级特征的方法相比，这种融合策略能够显著增强模型所提取到的特征的信息量，从而在复杂多变的自然环境中实现更高精度的人脸表情识别。

③本书进一步将特征提取和特征融合模块结合起来形成了一个整体网络架构。该架构允许特征融合模块引导特征提取模块提取多个级别的、具

有代表性的人脸表情特征，进而有效地融合这些多级别表情特征用于人脸表情识别。

从多层次特征提取与融合的角度出发，对网络现有架构进行改进，进一步增强了常规人脸表情识别网络的潜力，并扩大了人脸表情识别算法的特征提取能力和使用范围。本部分内容为人脸表情识别算法在复杂环境下特征提取能力不够强的问题提供了一种融合多层次特征的解决方案，强化了网络的特征提取能力，从而在一定程度上提升了人脸表情识别算法在复杂环境下的稳健性和实用性。

（2）针对人脸表情识别算法在自然环境下提取的特征质量不够高，无法有效地强化重要特征而弱化无用特征（注意力不够集中），导致其识别性能受限的问题，本书开发了一种面向特征增强的人脸表情识别方案。通过结合视觉变换器模块，增强了从卷积层提取的特征，从而提高了模型在复杂环境下的泛化能力和鲁棒性。本部分工作的主要创新与贡献如下。

①本书首次探索并揭示了视觉变换器对人脸表情特征的增强效果，利用其自注意力机制捕捉表情图像中不同部分之间的复杂关系，来获得更加丰富和精准的特征表示，从而提高常规人脸表情识别模型的性能。

②本书提出了基于视觉变换器的通道增强模块和空间增强模块。在通道增强块中，直接将每个通道的特征图作为视觉变换器的输入，从而学习各通道特征图之间的依赖关系。通过这种通道增强策略，模型能够更有效地识别和利用特征图中的通道间信息，强化了模型对于不同通道特征的综合利用能力。空间增强块则将特征图块作为变换器的输入，学习这些特征图块之间的依赖关系。这种空间增强块的引入，可以为人脸表情识别任务提供更全面、更深入的空间特征理解，助力提升模型在处理复杂、细腻的表情变化时的准确度和鲁棒性。进一步结合通道增强模块和空间增强模块，形成变换器增强模块，分别在通道和空间维度上增强了人脸表情特征表示。

（3）针对人脸表情识别模型在光照不足，尤其是低光环境下无法有效捕捉用于识别的鉴别性特征，导致其识别精度显著降低的问题，本书针对性地提出了一种联合低光图像增强算法的人脸表情识别方法，使得人脸表情识别模型能够在增强后的表情图像上捕捉到更多的鉴别性特征，从而提高人脸表情识别模型在面对弱光、低光等表情图像时的识别精度。本部分工作的主要创新与贡献如下。

①提出了将低光图像增强技术和人脸表情识别技术相结合的理念，并设计了一种新颖的低光人脸表情识别架构，使低光图像增强网络在人脸表情识别网络的指导下朝着正确的方向进行优化，促进了人脸表情识别任务的完成。

②设计了一个低光图像增强网络来恢复架构中光照退化的表情图像丢失的细节和亮度，同时在人脸表情识别任务的指导下，允许低光图像增强更加关注人脸表情识别任务所需的必要细节和判别特征。

（4）针对低分辨下人脸表情识别模型性能退化的问题，本书提出了一个创新的统一学习架构，将超分辨率技术与人脸表情识别技术有效地融合，实现了两者任务的协同进化。该架构利用图像超分辨率技术提升低分辨率图像的质量，从而增强人脸表情识别的准确性。我们通过引入多阶段注意感知一致性损失和预测一致性损失，有效地恢复了关键特征。本部分工作的主要创新与贡献如下。

①设计了一个超分辨人脸表情识别架构来缓解低分辨率人脸表情识别的挑战。在该架构中，超分辨率网络不仅被用于提升低分辨率图像的质量，还通过接收人脸表情识别网络的反馈来指导恢复过程，特别注重表情相关特征的恢复。该识别框架的重点不仅在于恢复图像细节，而且还在于强调表情相关特征的增强，从而辅助提高人脸表情识别的精度。

②设计了新颖的注意力感知一致性和预测一致性损失，以帮助超分辨率网络恢复辨别性特征，使得高层的语义信息从人脸表情识别过程中反馈至超分辨率网络，促进图像质量和表情预测准确性的有效提升。恢复后的高分辨率图像对于人脸表情识别网络来说，提供了更加丰富的信息，帮助网络做出更准确的判断。

第二章

基于深度学习的人脸表情识别

　　人脸表情识别作为计算机视觉领域的基础研究之一，一直以来都备受重视。自2012年深度学习领域取得突破性进展后，越来越多的研究者开始专注于如何利用深度学习技术来获得更好的人脸表情识别结果。本章将简单阐述卷积神经网络在深度学习领域的演进历程，并介绍几种使用深度学习技术，特别是卷积神经网络在人脸表情识别领域取得显著成就的算法。这些介绍不仅有助于理解深度学习技术在人脸表情识别领域的应用，还展示了这些技术如何推动人脸表情识别研究向前发展。

2.1 卷积神经网络基本理论

2.1.1 卷积神经网络的发展过程

　　深度学习的迅猛发展得益于卷积神经网络的创新应用，尤其是在图像处理和计算机视觉领域展示了其巨大的潜力。作为深度学习的一种关键架构，卷积神经网络借鉴了生物视觉系统的层次化处理机制，有效地从图像数据中提取和抽象出多层次的特征，如边缘和纹理。这些特征随着网络深度的增加变得更加抽象，可以更好地捕捉图像的高级内容。卷积神经网络在各类竞赛（例如ImageNet）中取得的杰出成绩，极大地推动了深度学习技术的普及和发展。这不仅转变了图像识别的研究路径，还将深度学习推广到了更多人工智能领域，如自然语言处理和语音识别。随着网络架构的不断深入和训练策略的优化，卷积神经网络在拓展深度学习应用范围方面起到了重要作用，为人工智能的各个领域带来了划时代的改变，不断推动着技术的前沿发展。下面按照卷积神经网络的发展顺序，将其发展分为以下三个阶段进行介绍。

1. 理论基础阶段

1962年，神经科学家Hubel和Wiesel在对生物视觉系统的研究中发现了神经元的层次化刺激机制，这一重要发现为后续神经网络的理论基础奠定了坚实的基石[37]。他们观察到在视觉处理过程中，并非所有神经元都同时被激活，而是有选择性地进行信息处理。这一机制激发了后续神经网络设计中层次化和局部连接的核心思想。1980年，Fukushima提出的"神经认知机"（Neocognitron）模型，标志着早期卷积神经网络的起步[38]。该模型模仿生物视觉系统的处理机制，通过逐层的选择性神经元激活实现信息的抽象和提炼。这一时期的研究重心在模仿生物神经系统，探索能有效进行模式识别的人工神经网络结构。

2. 实际应用阶段

1998年，Lecun及其团队推出的LeNet-5模型，开启了卷积神经网络的实际应用新篇章[39]。LeNet-5作为首个成功应用于数字识别的卷积神经网络模型，其引入的局部感受野、权重共享和池化结构等概念，大幅降低了模型参数并增强了对图像变化的不变性。LeNet-5通过卷积层和池化层的交替使用，能够从图像中抽象出复杂特征，最终通过全连接层实现分类。这一模型的成功应用不仅展示了卷积神经网络在图像处理任务中的强大能力，也为后续图像识别、语音识别等领域的深度学习的应用奠定了基础，步入将理论转化为实际应用的新阶段。

3. 广泛应用研究阶段

2006年后，随着深度学习理论的成熟和计算资源的增加，卷积神经网络的研究步入了广泛应用的阶段。2012年，AlexNet模型在ImageNet挑战赛中的出色表现，引发了深度学习在图像识别领域的热潮[40]。AlexNet采用更深层次的网络结构和更大的数据集，极大地提高了图像识别的准确率。随后，VGG[41]、GoogleNet[42]和ResNet[43]等创新架构相继出现，持续刷新图像识别精度记录。卷积神经网络的应用领域也从图像识别扩展至目标检测、语音识别、人脸识别、语义分割、人脸表情识别等多个方面。这一时期的研究重点在于进一步优化卷积神经网络架构和训练策略，并将这些模型应用到更广泛的领域中，深度学习和卷积神经网络成为人工智能发展的关键驱动力。

2.1.2 卷积神经网络的基本结构

卷积神经网络是一种层级结构的神经网络模型（如图2-1所示），主要应用于图像处理和模式识别等领域，如今也在语音、视频、遥感领域大放异彩。卷积神经网络的结构通常包括多个关键层，每个层次都承担着特定的功能。在卷积神经网络中，输入层首先接收原始数据，如图像或视频等。紧随其后的卷积层通过卷积操作对输入数据进行特征提取，这一过程涉及一系列可学习的滤波器或核。紧接着的是池化层，也称"下采样层"，主要目的是减少数据维度（降维操作），降低后续计算的复杂性，并增强所提取特征的稳定性和不变性（特征聚焦）。网络深层中的全连接层负责将前面层提取的特征转化为预测向量，最终，输出层提供最后的处理结果，例如确定图像所属的分类。卷积神经网络的这种分层和模块化设计极大地提升了其在学习和识别复杂模式方面的能力，使其成为深度学习领域的关键技术之一。在卷积神经网络中，负责数据抽象的部分通常称为特征提取部分，而将抽象特征转化为最终预测结果的部分称为分类器部分。

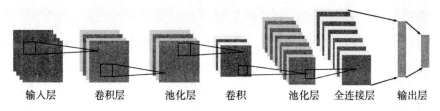

输入层　　卷积层　　池化层　　卷积　　池化层　全连接层　输出层

图2-1　卷积神经网络的基本结构

在卷积神经网络的运作过程中，假设网络由 l 层构成，其中某一层的特征用 X^l 表示，l 的取值范围为1到 L。卷积层（convolution layer）在网络中扮演着至关重要的角色，主要负责对输入的特征信息进行逐层抽象处理。网络中卷积层的层级越深，其提取的特征就越抽象，从而使得这些特征在描述目标时拥有更强的能力。具体来说，如果某一层 l 是卷积层，那么可以通过式（2-1）来计算该层所提取出的特征信息。这种计算方式确保了网络能够有效地从原始输入数据中提炼出有助于后续识别或分类任务的关键特征，这是卷积神经网络在众多领域中取得成功的核心因素之一。

$$Y^l = A\left(W_{conv}^l \otimes X^l + B_{conv}^l\right) \tag{2-1}$$

式中，Y^l 表示第 l 层卷积的输出；W_{conv}^l 和 B_{conv}^l 分别表示第 l 层的卷积核的权重和偏置；$\otimes$ 是运算符号，表示卷积操作。函数 $A(\cdot)$ 表示非线性激活函数，常用Sigmoid、tanh、ReLU、Leaky ReLU函数作为激活函数，如式（2-2）、式（2-3）所示。

$$Sigmoid(x) = \frac{1}{1 + e^{-x}} \tag{2-2}$$

$$tanh(x) = \frac{e^x - e^{-x}}{e^x + e^{-x}} \tag{2-3}$$

如图2-2所示为四种激活函数的曲线图。Sigmoid函数是一种连续的饱和非线性函数，能够将输入映射到区间[0，1]内。它在输入值极小或极大时会输出接近0或1的值，导致梯度接近0。这种特性在网络的误差反向传播过程中会导致部分参数的权值更新缓慢，从而引起梯度消散问题。虽然Sigmoid函数适合在某些情况下使用，但它可能会使网络训练的更新速度变得缓慢。tanh函数也是一种饱和的非线性函数，其曲线形状与Sigmoid函数的相似。与Siqmoid函数不同的是，tanh函数的曲线通过原点并且输出范围为[–1，1]。当输入值较大或较小时也会达到饱和状态。而ReLU（修正线性单元）函数则是一种非饱和的分段线性函数，当输入值为正时，输出值等于输入值，否则输出值为零。ReLU函数在正数输入时梯度恒为1，使得梯度计算简化，从而提高模型训练的效率。LeakyReLU函数是ReLU函数的改进，支持负值输入，这在保持输出值非负的同时，降低了梯度消失的可能性。LeakyReLU函数在输入值大于等于0时，输出值与输入值相等，而在输入值小于0时，输出值为输入值的一小部分，这有助于模型更容易收敛，改善模型的精度。

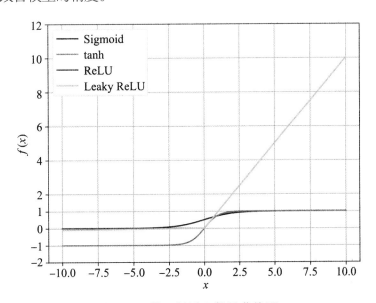

图2-2 常见激活函数的曲线图

池化层（pooling layer）在卷积神经网络中扮演着关键角色，其主要功能是对上一层的特征进行聚合和降维。具体来说，池化层通过在特定的窗口内聚合特征信息，用单一的代表性特征来替代整个特征区域，从而实现特征的降维和融合。这个过程有助于防止网络模型的过拟合，并增强模型的泛化能力。值得注意的是，池化层虽然减少了每个特征区域的维度，但并不改变特征的总数量，这意味着经过池化处理后的特征数量仍然与之前的卷积层中的特征数量保持一致。通过这样的设计，池化层可有效地减少模型的计算负担，同时保留重要的特征信息，对于提高卷积神经网络的性能和效率具有重要意义。池化的计算公式如式（2-4）所示。

$$P^l = Pooling\left(X_i^l\right) \tag{2-4}$$

式中，X_i^l 表示池化的输入特征；P^l 表示第 l 层的池化输出；$Pooling(\cdot)$ 表示池化操作，常用的是平均池化或者最大池化两种方式，即将池化区域中的特征图中的最大值或者平均值作为最终输出结果。

在卷积神经网络中，全连接层（fully connected layer）是特征提取的终极阶段，它负责完成特征的综合预测和输出。随着特征从浅层到深层的逐步提取，全连接层接收前一层的所有特征作为输入，并通过密集连接的神经元网络对这些特征进行汇总和抽象。这种密集连接的结构意味着每个神经元都与前一层的所有神经元相连，从而能够充分利用之前层次中学到的特征信息。全连接层通常位于网络结构的顶端，它的主要作用是将前面层次输出的特征集成为一个整体的、高度抽象的特征表示，为最终的任务目标如分类、识别等提供决策依据。通过这种方式，全连接层能够有效地整合经过多层卷积和池化处理的复杂特征，为最终的输出提供全面而准确的特征表征。全连接层的计算公式如式（2-5）所示。

$$C_{\text{fc}}^l = A\left(W_{\text{fc}}^l \otimes X^l + B_{\text{fc}}^l\right) \tag{2-5}$$

式中，X^l 前一层表示的输入特征（通常是一维向量的形式）；C_{fc}^l 表示第 l 层的全连接输出；W_{fc}^l 和 B_{fc}^l 分别表示全连接层的权重和偏置；函数 $A(\cdot)$ 表示非线性激活函数。

2.1.3 卷积神经网络的训练方法

卷积神经网络的训练过程是一个深入精细的多阶段任务，它依赖于丰富的带标签数据集及复杂的反向传播算法来实现网络的学习和优化。训练开始前，首先需要准备大量的带有标签信息的数据，这些数据是训练过程的基础，为网络提供了必要的输出对比。在前向传播阶段，输入数据（如图像）被送入网络，依次经过多个卷积层，每层都对输入数据进行特定的处理，如特征提取、激活函数应用等，最终产生一个预测结果向量 $o = (o_1, \cdots, o_M)^T$。此后，进入关键的反向传播阶段，这一阶段涉及预测结果与实际标签向量 $o' = (o_1', \cdots, o_M')^T$ 之间的差异计算，通常采用损失函数（如均方误差 MSE 或交叉熵 CE）来评估。损失函数计算得到的误差值表明了预测与实际之间的偏差，这个误差值被用于计算网络每一层的权重参数 W 相对于损失函数的梯度 $\nabla J(W)$。

在反向传播过程中，计算得到的梯度信息用于指导网络中每一层的权重参数更新。这一步是必不可少的，因为它直接关系到卷积神经网络学习的效率和最终性能。参数更新通常根据设定的学习率进行，而学习率本身也可能随着训练过程进行自适应调整，例如采用学习率衰减策略进行自适应调整。在整个训练过程中，不仅包括网络参数的细致调整，还涉及网络结构的优化、超参数的选择和正则化策略的应用，如 dropout 和权重衰减，这些都是为了提升网络的泛化能力，减少过拟合风险，并确保网络在实际应用中的高效性和准确性。除此之外，还有一些高级技术被应用于训练过程，如批量归一化（batch normalization）和残差连接（residual connections），它们进一步提高了网络训练的稳定性和收敛速度。总的来看，卷积神经网络的训练不仅是一个纯粹的数学优化过程，更是一个涉及众多机器学习和深度学习理论的综合应用过程，其目标是训练出能够准确、有效地识别和分析复杂数据模式的高性能网络模型。常用的权重更新公式有多种，其中最基本的是随机梯度下降（SGD）算法。该算法使用式（2-6）来更新模型参数 W 的值。

$$W_{t+1} = W_t - \alpha \cdot \nabla J(W) \qquad (2\text{-}6)$$

式中，W_t 表示当前时间点的权重参数；W_{t+1} 表示更新后的权重参数；α 表示学习率；$\nabla J(W)$ 表示目标函数关于权重的导数（梯度）。除了 SGD 算法之外，还有其他一些改进的权重更新公式，如 Adam、RMSProp 等。这些算法都考虑了自适应调节学习率的需求，从而提高了网络训练的收敛速度和性能。

2.2 常见的深度学习人脸表情识别方法

基于传统机器学习的人脸表情识别方法，虽然能够在理想环境（如实验室环境）下捕获的质量较高的人脸图像上表现良好，但在复杂的自然环境条件下，如在光照不均衡、人脸图像质量较低、人脸被遮挡等情况下，表现逊色。这些方法的局限性在于对面部特征的硬编码，这种编码方式对图像变化（如光照、姿态、遮挡）敏感，导致抗干扰能力较弱，难以适应多变的自然场景。相比之下，深度学习技术在人脸表情识别领域展现出更强的抗干扰能力和适应性。尤其是卷积神经网络，能从复杂数据中自动学习提取丰富特征，包括基本面部信息和细微情感表达。通过多层结构，深度学习模型能有效处理自然环境下的不稳定因素，如变化的光照、复杂背景、不同人脸姿态和人脸局部被遮挡。此外，通过迁移学习和数据增强策略，可进一步提升深度学习模型的鲁棒性和泛化能力。例如，迁移学习允许将在大规模数据集上预训练的模型应用于特定的人脸表情识别任务，利用其强大特征提取能力来提升人脸表情识别模型的性能。通过数据增强技术生成多样化训练样本，帮助模型适应不同环境条件。因此，基于深度学习的人脸表情识别研究在近几年取得显著进展，成为主流。研究者探索先进网络架构、优化算法和训练策略，提高识别的准确性和适应性。基于深度学习的人脸表情识别方法不仅在实验室环境表现出色，也在复杂的自然环境下显示出实用性和可靠性，为人机交互、情感分析和社交媒体分析等领域提供技术支持。

人脸表情识别作为计算机视觉领域的关键研究方向，自 1971 年 Paul 等人[44]取得开创性成果以来，已经取得了显著的进展。随着深度学习的兴起，研究的重点逐渐从传统的手动特征提取方法转向基于深度学习的方法，如 DeRL[45]、RAN[46]、PSR[47]、M3DFEL[48]、DDF[49]、GCA + IAL[50]、PACVT[51]等。尽管这些方法在实验室环境中的数据集如JAFFE[13]和CK+[52]上取得了良好的效果，但它们在自然环境中的数据集如FERPlus[34]和RAFDB[35]上的表现则相对较差。这主要是由于在自然环境下的面部表情图像往往是在不受约束的条件下获取的。图像质量较低、光照不均衡或细节模糊等，给人脸表情识别带来了更大的挑战。

自然环境下的人脸表情识别比实验室环境中的要复杂得多。为了更好地识别自然环境下的面部表情，一些研究人员试图从注意力机制、损失函数、特征融合和不确定性学习等层面进行深入的研究，以提高人脸表情识别的识别精度。为了更好地捕捉对人脸表情识别有贡献的区域，Wang 等人[46]将注意力机制应用于卷积神经网络，提出了一种区域注意力网络 RAN，该网络可以自适应地获得人脸表情识别的重要面部区域。Li 等人[53]使用具有注意力机制的卷积神经网络，通过感知最具鉴别力的未遮挡区域来提高人脸表情识别的性能。Fan 等人[54]利用深度监督注意力网络和人脸表情识别的两阶段训练方案，并考虑面部属性来实现人脸表情识别。Li 等人[55]提出了一种新的具有自动人脸表情识别注意机制的端到端网络。这些研究有力地表明了注意力机制的引入有助于人脸表情识别任务的进一步发展。

一些研究者还试图设计不同的损失函数来进一步提高人脸表情识别方法的性能。Li 等人[35]通过局部保持损失（LP 损失）将同一类的局部相邻面拉到一起，缩小了人脸表情的类内距离。Farzaneh 等人[30]提出了一种深度注意力中心损失（DACL）函数，以自适应地选择重要特征的子集来增强辨别，并通过注意力机制估计注意力权重。Cai 等人[56]提出了一种岛屿损失，它可以在减少类内差异的同时扩大类间差异。Fan 等人[57]引入了新的加权 Softmax 损失，以解决模糊表情、低质量面部图像和注释者的主观性引起的注释不确定性带来的挑战；Li 等人[58]通过使用分离损失提高了基本和复合人脸表情的识别精度，具有使类内紧凑和类间分离特征的效果。

精心设计的特征融合方法也有助于提高人脸表情识别方法的精度。Vo 等人[47]提出了一种基于金字塔的深度学习方法来识别自然环境下的人脸表情。他们的方法使用三个子网络的输出作为最终的模型输出，并取得了先进的结果。Shao 等人[59]针对人脸表情识别提出了三种不同的卷积神经网络方法，其中一种是双分支卷积神经网络，它可以并行提取纹理特征和全局特征，并通过级联运算进行融合，最终将融合后的特征传递给人脸表情分类器。Li 等人[55]表明，可以通过重建模块将卷积神经网络提取的特征与 LBP 图像特征融合，以提高表情识别的准确性。Ma[60]等人首次引入变换器（transformer）架构到人脸表情识别任务。他们使用注意力模块选择性地融合局部二值模式特征和卷积神经网络特征，成功在多个数据集上提升了人脸表情识别的性能。Xue 等人[61]利用变换器设计了一种新的人脸表情识别网络架构来学习丰富的关系感知局部表示，成功在不同局部块之间建立了潜在的关系，从而进一步提升识别性能。

Jiang 等人[62]指出，人脸表情识别中的类别不均衡问题对算法性能产生了显著影响。为了应对这一挑战，他们对传统的 Softmax 损失函数进行了改良，提出了一种创新的损失函数，目的是减少由数据不平衡导致的偏差，进而提升表情识别的准确性和可靠性。这种方法是通过增加类别间角距离的多样性来有效提升各类别的区分度。Wen 等人[63]从两个维度对人脸表情识别任务的损失函数进行了重新设计：一是基于表情识别难度的差异，提出了一种创新性损失函数，旨在扩大易于混淆的表情类别之间的间距；二是引入了动态目标学习策略，根据不同的学习阶段调整损失函数，以适应学习过程的多样性。这些研究在提高人脸表情识别技术的准确率和鲁棒性方面做出了重要贡献，展示了损失函数创新对解决表情识别中数据不均衡问题的重要性。

随着人脸表情识别任务的快速发展，一些研究者开始关注人脸表情识别任务的不确定性。这些不确定性主要来自低质量的图像、主观标注造成的标签不一致以及错误的标签（也称噪声标签）。计算机视觉领域对噪声标签研究得较多，而对另外两个的关注较少。一个相对简单的方法是在训练过程中取一批干净且正确的数据进行标签质量评估[64]。Veit等人[64]提出了一个多任务网络来清理噪声注释并对图像进行分类。Li等人[65]提出了一个统一的蒸馏框架，通过使用知识图谱中的标签关系和小型干净数据集中的辅助信息来对冲从噪声标签中学习的风险。Zeng等人[66]使用IPA2LT框架来提高人脸表情识别在不一致标签数据集上的性能。他们首先为每个样本分配多个带有人类注释或模型预测的标签，以缓解注释不一致问题，其次使用端到端网络从不一致的伪标签和输入人脸图像中发现潜在的真相。Wang等人[67]设计了一种自修复网络（SCN）来抑制这些不确定性，以获得更纯粹的面部表情特征。Barros等人[68]提出了一种被称为Face Channel的轻量级神经网络，该网络包括一个抑制层，以提高人脸表情识别性能，同时减少可训练参数的数量。

此外，一些研究者也从其他方向进行了探索，如Ryumina等人[69]对当前人脸表情识别模型的泛化能力不足问题进行了大规模的视觉跨语料库研究。Allaert等人[70]证实了光流技术能显著影响人脸表情识别。Li等人[71]提出了一种新的自适应监督目标——AdaReg损失，以及一种新型的训练框架——情绪教育机制（emotionauy education memory，EEM），通过解决阶级失衡和增加表达表征的辨别力来提高人脸表情识别的表现，且与当前最先进的公共基准框架相比取得了优异的表现。Punuri等人[72]提出了一种基于迁移学习（transfer learning，TL）技术的新方法，称为Efficient

Net-XGBoost。该方法结合了全局平均池、dropout和密集全连接层，以确保更快地学习网络并克服梯度消失问题。

2.3 本章小结

本章首先对深度学习的基础知识进行了概要介绍，着重阐述了深度学习在卷积神经网络方面的发展历史、理论基础及其网络构造。卷积神经网络的发展经历了从理论基础到实际应用再到广泛应用研究三个主要阶段，每个阶段都对卷积神经网络的结构和功能有着深刻影响。其次，详细阐述了卷积神经网络的基本结构，包括卷积层、池化层、全连接层等，以及这些层在特征提取和模式识别中的作用。进一步介绍了卷积神经网络的训练方法，特别是反向传播算法和参数优化。接着介绍基于深度学习的人脸表情识别研究的进展，指出深度学习，特别是卷积神经网络在人脸表情识别领域相较于传统方法的优势。本章进一步探讨了在自然环境中人脸表情识别的挑战，以及为应对这些挑战，研究者所采用的各种深度学习策略，如注意力机制、损失函数优化和特征融合技术。最后，总结了目前人脸表情识别领域的关键发展和挑战，特别是关于如何处理自然环境下的不确定性因素，例如低质量图像和标签不一致的问题等。

第三章

面向多层次特征提取和融合的
人脸表情识别方法

人脸表情识别和其他基于计算机视觉的高级视觉任务，在自然环境下应用时，最为普遍的挑战之一就是输入的图像带有复杂且多样的特点，导致训练好的算法模型无法实现预期的识别性能。这是由于相比于实验室环境下获取到的图像，自然环境下的图像通常是在复杂条件中捕获的。例如，这些图像可能是在拍摄角度、光线、清晰度等不一致的条件下拍摄的，甚至有可能是在局部遮挡的环境下拍摄的，这些因素使得传统的深度学习模型难以从这些图像中准确提取出具有判别性的特征，并且无法在这些提取到的特征上做出一致的判断。本章从特征提取与特征融合的角度出发，设计了一种多层级特征提取与多尺度特征自适应融合的人脸表情识别模型，使得模型在表情识别的过程中能够有机会提取到不同层级的丰富的人脸表情特征，并通过将这些不同层级的特征进行自适应融合来用于表情识别任务。

本章的研究旨在解决人脸表情识别在面向自然环境下复杂的输入图像时，模型无法从这些图像中提取出足够有价值的人脸表情特征的问题，从而提升人脸表情识别技术在复杂的自然环境条件下的表现，拓宽其在实际应用场景中的适用性和鲁棒性。

3.1 引言

近年来，深度学习技术在计算机视觉领域的应用日益广泛，引起了广大研究者的极大兴趣。特别是卷积神经网络由于其卓越的自适应特征提取能力，已经成为深度学习研究中的重要工具。卷积神经网络的核心优势在于其层次化和递进式的特征提取机制，允许模型从基本的视觉信息中逐渐提取出高级语义特征。随着网络深度的增加，所提取的特征更加抽象和复杂，卷积神经网络有助于模型理解复杂的视觉场景。然而，网络的深度设计需要根据具体的应用场景和任务需求来确定，并非简单追求深度，因为网络过深可能加重计算负担甚至难以训练。在人脸表情识别的研究中，深层卷积神经网络已被广泛采用，这些网络通过多层次卷积块精细地提取面部的特征信息，有效地支持复杂表情的识别任务。通过精心设计的卷积结构，这些模型能够在维持计算效率的同时，捕捉到足够的表情特征，为高精度的表情识别提供强有力的技术支撑。这种深度模型的成功应用不仅体现了卷积神经网络在特征提取方面的优势，也为计算机视觉领域的其他相关研究提供了宝贵的经验和启示。

自 1978 年 Suwa 等人的研究开创了自动人脸表情识别的先河以来，许多研究者一直致力于高效准确的人脸表情识别方法的研究，同时也提出了一些有意义的大规模数据集。人脸表情识别任务的面部图像主要来自两种环境：实验室环境和自然环境。在人脸表情识别的早期阶段，研究者总是使用实验室环境中受控和受限的人脸图像，如固定的摄像机角度或特定的光照强度，来进行表情识别任务，并由此取得了不错的进展[45]。然而，自然环境下的人脸表情识别研究却进展缓慢。虽然一部分方案在自然环境下也取得了一定的成功，但仍然面临着识别准确率不够高的问题。这是因为自然环境下的人脸表情图像是在无约束的情况下捕获的，如光线较弱、图像模糊等，这导致常规的卷积神经网络方法从这些图像中提取的表情特征的表达能力不够强，很难真正有效地提取到对人脸表情识别任务起作用的特征。除了上述因素外，人脸表情识别模型的准确性还受到来自面部图像本身的年龄和相似度等因素的影响。因此，如何让基于卷积神经网络的人脸表情识别模型从输入图像中获取足够有价值的特征信息，是提升自然环境下人脸表情识别模型识别性能的关键。

3.2 相关研究工作

Paul等人[44]的工作在人脸表情识别领域起到里程碑式的作用，他们的工作主要定义并分析了六种基本面部表情：快乐、悲伤、愤怒、惊讶、恐惧和厌恶。此后，Ekman等人[73]在他们工作成果的基础上将平和表情纳入了人脸表情数据集，从而产生了如今包含了七种基本表情类别的人脸表情数据集，进一步推动了人脸表情识别的发展进程，为后续人脸表情识别研究奠定了一定的基础。

执行人脸表情识别任务之前，通常需要先检测人脸区域，然后再对检测到的人脸进行特征提取和表情分类。在人脸检测阶段，研究者利用各种出色人脸检测器对各种环境下的人脸进行检测和定位，如Dlib[74]等。针对特征提取，在人脸表情识别的早期阶段，大多数研究者使用传统的特征提取方法，例如Gabor小波系数[75]等方法，这些方法可以捕获人脸表情变化引起的局部纹理特征和外观特征，并取得了良好的效果。然而，如今越来越多的研究者开始关注能够自动提取特征的深度学习方法。与传统的特征提取方法相比，深度学习方法具有速度快、特征提取灵活等优点。Tang等人[76]使用深度卷积神经网络来提取特征，并在FER2013和Emotiw2013的人脸表情识别挑战赛上取得了优秀的成绩。正如前文所说的，在自然环境下进行人脸表情识别任务比在实验室环境下困难得多，其依旧面临着严峻的挑战。

在目前基于深度学习的方法中，一些研究者尝试添加特征融合策略和注意力机制来提高自然环境下的人脸表情识别模型的性能。Ji等人[77]认为，不同的人脸表情数据集或者不同场景下的同一个表情应该具有公有的特征表示，而同一环境下的不同类别的表情应该具有不同的特征表示。在此基础上，他们提出了同一类别之间的公有特征和不同类别之间的区分特征的概念，并由此设计了两个独立的模块来分别学习这两种特征。紧接着，他们设计了一种新颖的融合网络来汇聚这两种特征，用于最终的人脸表情识别。此外，他们发现，单纯地在单个数据集上学习的人脸表情识别模型的泛化性不容乐观，并由此提出了将多个数据集联合的跨域训练策略，以缓解不同数据库之间的样本差异（数据不均衡）问题。他们的实验表明，在多样化的样本上学习的人脸表情识别模型的泛化能力更强，识别准确率更高，也更加实用。

如何获取更有效的人脸表情识别特征，Li等人[53]认为，人类直觉上会根据面部的特定部位（如嘴唇周围的区域）来鉴别表情。当某些区域受到遮挡时，人类或许会根据其对称区域或附近高度相关的区域来推测真实的表情。受此启发，他们提出了一种带有注意力机制的深度学习方法。该方法通过自适应地感知面部被遮挡的区域，并将注意力聚焦于未被遮挡的区域，从而达到了强化所提取的人脸表情特征的目的。由此，通过这种方式提取的表情特征的表征能力更强，更有利于后续表情识别任务的执行。为了解决人脸表情识别任务中的姿态和遮挡问题，Wang等人[46]提出了一种基于区域注意力的卷积神经网络，用于提升改变姿态和遮挡限制下的人脸表情识别技术的性能。他们认为，变化的姿态和遮挡会导致面部外观发生突出的变化，进而导致常见的卷积神经网络无法提取到有用的表情特征。他们还认为，由于自然环境下的遮挡情况是多样化的，所以直接对遮挡区域进行消除是不合理的。此外，单纯地对整张人脸图像应用卷积神经网络容易忽视变化姿态或遮挡引起的特征变化。他们还在该研究中构建了六个真实世界的、在遮挡限制下和姿态变化的测试数据集，用于专门评估现有卷积神经网络模型的性能。值得一提的是，他们还提出了区域偏差损失，用于鼓励模型对最重要区域赋予更高注意力权重。与之前其他的人脸表情识别工作相比，他们的解决方案在多个数据集上的评估结果都表现出了良好的竞争力，极大地促进了自然环境下人脸表情识别研究的发展。

在最新的研究中，一些研究者还使用了其他方法进行自然环境下的人脸表情识别。例如Farzaneh等人[30]提出了一种深度注意力中心损失方法，该方法可以估计与特征重要性相关的注意力权重，并实现类内紧凑性和类间分离性，从而缓解自然环境下各种不受约束的成像条件带来的表情类别区分不明显的问题。Shome等人[78]提出了一种基于自监督的联合学习方法，以实现稳健和多样化的人脸表示，从而提升表情特征的表征能力，最终更好地为表情识别任务服务。Zheng等人[79]提出了一种基于在线蒸馏的师生一体化方法。与现有方法不同的是，该方法设计了随机子网络来代替多分支结构组件。值得注意的是，该方法在不引入任何额外模型参数的情况下实现了更好的性能提升效果，他们的研究具有实用性。Wang等人[80]提出了一种面向注意力的伪连体网络，该网络可以通过融合全局和局部面部信息来得到更高精度的人脸表情识别性能。

3.3 现有研究存在的问题

为了尽可能克服自然环境下多种不利条件给人脸表情识别模型带来的不利影响，众多的研究者尝试在数据增强、特征增强、类内公有特征、类间区分特征、注意力机制等方向对当前的卷积神经网络进行改进。这些改进取都带来了出色的竞争力，并促进了人脸表情识别模型性能的进一步提升。然而，这种采用多种优化策略来改进卷积神经网络模型，进而达到提升人脸表情识别模型的泛化能力的做法，依旧存在以下问题。

（1）这些方法没有考虑不同层级的表情特征对人脸表情识别性能的影响。当将这些策略应用于自然环境下时，依旧存在结果不理想的情况。按照现有的卷积神经网络的架构设计（例如VGGNet[38]、ResNet[43]这样的卷积堆叠架构），在特征提取过程中，低级特征能够学习到纹理等简单信息，高级特征学习到的是抽象的语义信息。然而许多底层特征容易丢失重要细节信息，而纯粹的高层抽象特征包含的细节又太少，往往不足以识别具有挑战性的面部表情，特别是在某些面部表情过于相似的时候。当前，大多数的方法仅使用卷积神经网络最后一层的特征来进行面部表情分类，这些方法确实取得了一定的成功，但忽略了不同层级的人脸表情特征，特别是低级和中级人脸表情特征对最终人脸表情识别的贡献。由于人脸表情识别任务的复杂性和多样性等挑战因素，单一地使用高级特征进行分类或许不是最好的方案。人脸表情的不同层次特征在一定程度上可以帮助高层特征更好地学习，不同层次的特征都有自己的价值，而不仅仅是服务于高层特征，不应该被直接丢弃。相反，它们应该与高级特征有效融合，来丰富人脸表情特征的表示。提取的人脸表情特征的质量对表情识别的准确性和泛化能力有着至关重要的影响。即使对于相同的面部表情，其所表现的动作范围也可能不同，特别是对于一些动作幅度较小的面部表情，它们往往很难准确识别。因此，如何设计好特征提取网络以提取更加具有代表性的特征是特征提取阶段的重要任务。

（2）这些方法没有充分挖掘不同尺度卷积的潜能。常见的卷积神经网络通常只包含一种尺度的卷积结构（例如1×1或者3×3的卷积核），这样的设计往往会使提取到的特征不够精细化，表达能力不够强，如果遇到相似但不同类别的表情往往无法精确地提取到可区分的特征。单一尺度卷积核通常只能捕捉到输入数据中的局部特征，对于那些需要较大区域上下文信息的特征可能难以有效捕捉。进一步，在实际的图像中，同一特征可能以不同的尺寸、形状或者角度出现，单一尺度的卷积核可能不足以充分捕捉所有变化。此外，如果训练数据中的特征尺度与测试数据中的不一致，单一尺度的卷积核可能不会有很好的泛化能力。因此，从理论上说，如果能够考虑采用多种尺度的卷积来提取表情图像的特征，那么所提取到的表情特征的表征能力将更具代表性，对之后的识别任务也更有利。

3.4 方法设计

针对上述问题，我们提出一种能够同时考虑不同层级特征的人脸表情识别模型。该模型的独特之处在于其能够综合考虑并利用人脸图像中的多层级特征。模型中的特征提取模块按层级划分，每个模块针对特定层级的特征进行提取，并可根据表情识别反馈结果自适应地调整其参数。这一过程确保了从每一层级中都能够捕获到对表情识别至关重要的特征信息。进一步地，为了最大化特征提取的效能，本模型采用了不同尺度的卷积核，旨在通过这种多尺度策略来捕捉更广泛且具有代表性的面部表情特征。此外，模型还包括一个精心设计的特征融合模块，该模块能够评估并学习不同层级特征的相对重要性，并据此自适应地融合这些特征，用于最终的表情分类任务。这种融合策略与常规仅依赖单一层级特征的方法相比，能够在一定程度上增强模型提取到的特征的信息量，从而在复杂多变的自然环境下实现更高精度的人脸表情识别。多层级特征的综合利用和智能融合不仅优化了特征表达，也显著提高了识别性能，使得模型在面对实际应用环境时，能够更有效地处理和识别各种复杂的人脸表情，从而进一步提升人脸表情识别技术的实用性和准确性。

我们提出的人脸表情识别方法旨在提取并有机融合不同层次的表情特征，使得不同层级的特征能够有机会充分发挥其潜力，最终用于识别的表情特征带有更强的表征能力，从而让人脸表情识别模型能够在这样的特征上取得更加优秀的识别效果。具体来说，本章综合考虑了图像识别任务中的特征提取阶段和特征融合阶段，并提出了一种人脸表情识别的新网络结构，其包含两个模块：特征提取模块和特征融合模块。特征提取模块主要用于通过多尺度卷积核的卷积运算来提取多级特征（从低级到高级的特征），而特征融合模块则是用于有效地整合多级特征以实现最终的人脸表情识别，并且这些融合的人脸表情特征具有更强的特征能力。本节将先简要介绍提出的人脸表情识别的新网络结构，然后详细分析它的两个模块以及所采用的优化策略。

3.4.1 总体设计

为了实现更高效且更充分的人脸表情特征提取，我们设计了一个创新性的多尺度特征提取与融合的人脸表情识别模型（MFEFNet），如图 3-1 所示。模型架构包含两个关键模块：特征提取模块和特征融合模块。其中，特征提取模块由三种不同尺度卷积操作的密集块构成，以适应不同层级的特征细节需求。模型中的 L 标识各个密集块的层数，针对不同层次的特征，策略性地安排了 24、18 和 12 层的配置，从而确保在每个层级上能够充分提取有用的信息。对于不同层级的密集块的层数，充分考虑了特征提取过程中的细节。例如，由于浅层特征的细节信息容易丢失，所以考虑在浅层特征提取阶段采用更多的卷积层，而在中高级特征提取阶段则可以适当减少卷积层数。因为底层提取的特征已经足够多了，中高层只需要进一步提取全局特征用于形成抽象表示即可。

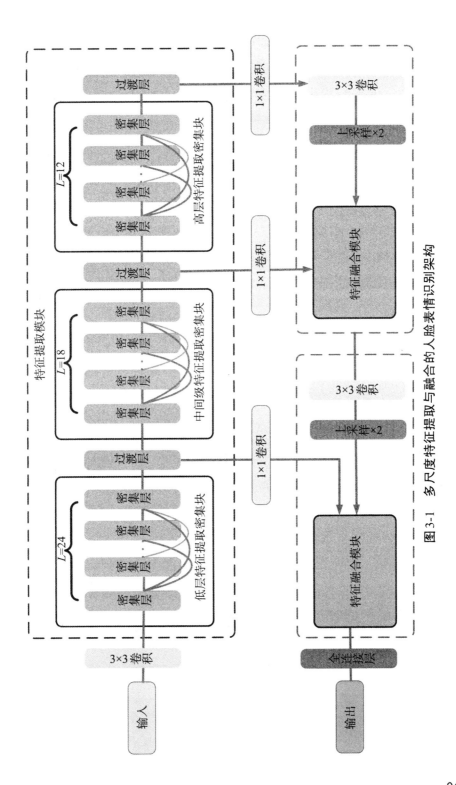

图 3-1 多尺度特征提取与融合的人脸表情识别架构

在本章提出的方案中，将整个人脸表情识别过程分为两步：第一步是多尺度特征提取阶段。在该阶段，三个密集块协同工作生成不同尺度的特征图，分别对应低级、中级和高级的面部表情特征。第二步是特征融合阶段，通过先进的全局和局部注意力机制，将这些多层次的特征图有效融合，形成最终用于表情分类的特征表示。在这一过程中，特征融合模块通过动态加权的方式优化各层特征的贡献度，确保模型聚焦于更有辨识力的特征。与现有方法相比，本章提出的方法在两个方面具有明显改进：（1）通过不同尺度卷积的综合应用，最大化地提取了丰富的面部表情特征；（2）通过智能的特征融合策略，实现了各层次特征的高效整合，而不是直接采用最终的特征。

3.4.2 特征提取模块设计

为了从面部表情中提取深层特征，以前的许多研究方法都使用深度卷积神经网络直接提取从低级到高级的表情特征。在本方法中，为了更高效地提取面部表情特征并增强特征复用能力，采用了基于DenseNet[81]的架构作为特征提取的核心。DenseNet因其独特的跳跃连接结构而被广泛认可，这种结构可以促进不同层间特征的直接传递，有效改善了信息和梯度在网络中的流动，从而减少了参数数量并提高了特征利用效率。在人脸表情识别的特征提取过程中，这种能力尤为重要，因为它可以帮助模型捕获从细微到显著的各种表情特征，提高识别的准确性和稳定性。通过将DenseNet融入面部表情识别网络中，本方法不仅可以深度挖掘面部图像中的丰富信息，还能确保模型在面对多样化的表情数据时具备良好的泛化能力和高效的特征处理性能。此外，DenseNet的这种层间密集连接方式对缓解梯度消失问题、强化特征传播及重用也起到了积极作用，为深层特征的提取和后续的表情识别任务提供了有力支撑。如图3-1所示，我们设计的特征提取模块包含三个不同尺度的密集块，分别为低层特征提取密集块、中间级特征提取密集块和高层特征提取密集块，每个密集块的输出都会传递到下一个密集块作为输入。三个密集块具有对不同层次的提取人脸表情特征的能力，其中低层特征提取密集块主要采用3×3卷积，中间级特征提取密集块主要采用5×5卷积，高层特征提取密集块主要采用7×7卷积。此外，一个密集块包含不同数量的密集连接层，每层的特征图形状大小相同，层与层之间采用密集连接方式。对于每个密集连接层，其输出包含之前的所有层，可用数学公式表示为

$$D^l = C\left(D^0, D^1, \cdots, D^{l-1}\right) \tag{3-1}$$

式中，C 表示拼接（通道维度）操作；D^l 表示第 l 密集连接层的输出；$D^0, D^1, \cdots, D^{l-1}$ 分别表示第 $0, 1, \cdots, l-1$ 层产生的输出。

如图3-2所示，每个密集块中的密集连接层包含两个卷积层（第二次卷积操作的卷积核参数 k 取决于不同的密集块，分别为3、5和7），同时带有批量归一化和ReLU激活函数操作，这样可以在一定程度上缓解过拟合的现象。值得注意的是，所有密集块中的每个密集连接层输出 C 个特征图，也可以说特征图的通道数为 C。

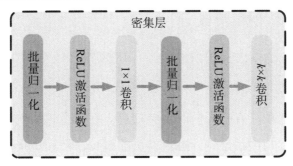

图3-2　密集层结构

为了优化模型的计算效率并缓解由于模型规模过大带来的计算负担，本章引入了过渡层的概念，并在各个密集块之间嵌入这些过渡层，如图3-3所示。这些过渡层由1×1的卷积层和2×2的平均池化层构成，它们的主要功能是在连接不同密集块的同时，通过卷积操作减少特征图的通道数，通过池化操作降低特征图的空间维度。这样的设计不仅有效降低了模型的参数

量和计算复杂度，还保持了特征的关键信息，为后续的特征融合和分类决策提供了必要的输入。此外，这种结构安排还有助于缓解潜在的过拟合问题，并提高模型在未知数据上的泛化能力。通过引入过渡层，本设计所用模型在保持高效特征提取能力的同时，实现了对计算资源的经济利用，进一步推动了人脸表情识别技术向更实用和更高效的方向发展。

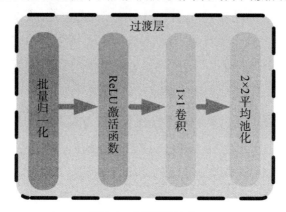

图 3-3　过渡层结构

3.4.3　特征融合模块设计

通过上述特征提取模块，可成功提取三个不同层级的人脸表情特征输出，每个层级捕获了人脸表情的不同信息。在本章提出的人脸表情识别模型中，一个关键的创新是特征融合模块的设计。从特征提取模块获得的三个不同层级的表情特征分别代表了从浅层到深层的人脸表情信息，它们各自捕捉了表情的不同方面和细节。为了综合这些多层次信息并最大化其在表情识别中的贡献，我们设计了一个特征融合模块，如图3-4所示。特征融合模块采用了全局和局部注意力机制。全局注意力机制使模型能够在整个图像范围内识别重要特征，局部注意力则聚焦于关键区域，如眼睛和嘴巴，这些区域对于表情的区分尤为关键。通过这种方式，融合模块不仅加强了不同层级特征之间的相互作用，而且提高了特征表征的丰富性和鲁棒性。这种综合考虑全局与局部信息的融合策略确保了模型能够有效解读和利用不同深度层级的特征，为表情识别提供更全面的特征描述，从而有潜力提升整个面部表情识别模型的性能。

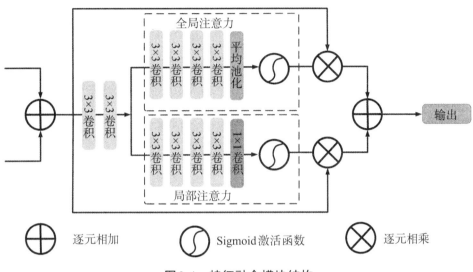

图3-4 特征融合模块结构

在特征融合模块的具体实施中，为了使高层级特征与低层级特征在空间尺寸上保持一致，采用上采样和卷积处理对高层级特征进行尺寸调整，以确保与低层级特征的兼容性。随后将两者进行融合，形成特征融合模块的输入。随后，结合全局注意力机制和局部注意力机制，模块精确地调节不同层级特征间的融合权重，以便有效地结合全局上下文信息和局部细节信息。通过这种策略，特征融合模块能够将浅层的细节特征与深层的抽象特征有效结合，为面部表情识别任务提供更全面且细致的特征表示。分别用 H_{map} 和 L_{map} 来代表高层级特征图和低层级特征图，则融合的过程可用数学公式表示为

$$F = Up\left(H_{3\times3}\left(H_{\text{map}}\right)\right) + L_{\text{map}} \tag{3-2}$$

式中，$H_{3\times3}$ 表示卷积核为3×3的卷积运算；Up 是上采样操作，在本章我们使用比例因子为2的上采样操作。

此外，使用全局平均池化和1×1卷积分别生成全局融合和局部融合注意力，计算式为

$$GA(F) = \sigma\left\{A_P\left[Conv_G^2\left(Conv_G^1(F)\right)\right]\right\} \tag{3-3}$$

$$LA(F) = \sigma\left\{Conv_G^3\left[Conv_G^2\left(Conv_G^1(F)\right)\right]\right\} \tag{3-4}$$

$$F_{\text{out}} = GA(F) \times F + LA(F) \times F \tag{3-5}$$

式中，$GA(F)$ 和 $LA(F)$ 分别表示全局融合权重和局部融合权重；F_{out} 表示特征融合模块的输出；$Conv_G^1$、$Conv_G^2$、$Conv_G^3$ 分别表示前两层卷积核为3×3的卷积块，后四层卷积核为3×3的卷积块，以及局部注意力中最后一层卷积核为1×1的卷积块。σ表示Sigmoid激活函数。

为了进一步降低特征图的通道数，考虑在进入特征融合模块之前，对每个密集块的输出进行1×1卷积处理，从而将原始特征图维度压缩，实现降维。在特征融合阶段，高层级的人脸表情特征图通过双线性插值方法进行上采样，以便与其他层级的特征图的维度一致，便于进一步的融合处理。特征融合模块综合考虑了不同层级的人脸表情特征，通过集成全局和局部注意力机制，将三个层级的特征图转换为蕴含丰富表情信息的综合特征图。这个融合后的特征图会被送入全连接层，以完成最终的人脸表情分类任务。

3.4.4 模型优化策略

面对人脸表情数据集中普遍存在的数据不平衡问题，这一挑战很有可能引发人脸表情识别模型的过拟合问题。为了有效缓解这一问题，加强多尺度特征提取与融合模型的泛化能力，降低过拟合风险，采取了结合标签平滑[82]和L2正则化策略。标签平滑方法通过将硬标签转化为软标签，以此提供更平滑的类别概率分布，帮助模型在学习过程中避免对少数样本过分

敏感，从而提高模型对不同数据分布的适应能力。同时，L2正则化策略作为一种有效的模型复杂度控制手段，通过对模型权重施加约束，减少模型对训练数据特定噪声的敏感度，进而降低了模型的过拟合倾向。这种双管齐下的策略，通过标签平滑机制引入额外的正则化信息，以及L2正则化对权重大小的直接约束，共同为多尺度特征提取与融合模型提供了一种更稳健的训练环境。通常来说，对于分类问题，训练数据中标签向量的目标类的概率应为1，非目标类的概率应为0。常用的传统独热编码的标签向量可以表示为 $\boldsymbol{p}_i$，即

$$p_i = \begin{cases} 1, & i=y \\ 0, & i \neq y \end{cases} \tag{3-6}$$

式中，i 表示分类任务中的某个类别；y 表示真实标签。在训练过程中，通常使用交叉熵损失函数 $H(p,q)$：

$$H(p,q) = -\sum_i^k p_i \log q_i \tag{3-7}$$

$$q_i = \frac{\exp(z_i)}{\sum_{j=1}^k \exp(z_j)} \tag{3-8}$$

式中，k 表示标签总数（也称类别数）；z_i 表示模型对于 i 类的预测结果。

如果使用这种传统的训练措施，神经网络将被迫向真实标签与错误标签差异最大的方向学习。当训练数据较小且不足以代表所有样本特征时，就会导致过拟合。此时标签平滑的重要性就突显出来了。它是一种正则化策略，主要利用软独热编码添加噪声分布，在计算损失函数时降低真实样本标签类别的权重，最终达到抑制模型过拟合的目的。引入噪声分布后，新的标签向量为

$$\boldsymbol{P}_i^{new} = \begin{cases} (1-\varepsilon), & \text{if } i=y \\ \dfrac{\varepsilon}{K-1}, & \text{if } i \neq y \end{cases} \tag{3-9}$$

式中，ε 表示权重因子，$\varepsilon \in [0, 1]$；k 表示类别总数。

因此，新的交叉熵损失函数为

$$H(p,q)^{\text{new}} = -\sum_{i}^{K} P_i^{\text{new}} \log q_i \qquad (3\text{-}10)$$

对于 L2 正则化来说，其本质是对待优化的参数（即权重 W）进行约束，使参数的值不会太大或太小，最终保证模型的稳定性。L2 正则化是通过计算模型中所有权重的 L2 范数来实现的。L2 正则化，用符号 $L_2(W)$ 表示为

$$L_2(W) = \sum_{t=1}^{n} W_i^2 \qquad (3\text{-}11)$$

因此，需要对之前的损失进行一些修改。需要注意的是，在真正的训练过程中，通常会引入 λ 这个惩罚因子。如果 λ 越大，则意味着需要约束的条件更多，由此将获得更小的权重；反之，λ 设置得越小，需要约束的条件就越少，将会得到更大的权重。新的损失函数 L_{new} 为

$$L_{\text{new}} = H(p,q)^{\text{new}} + \lambda L_2(W) \qquad (3\text{-}12)$$

3.5 实验结果与分析

在本章提出了一种能够融合多尺度表情特征的人脸表情识别模型。在该模型中，三种不同级别的人脸表情特征被特征提取模块提取，随后送入特征融合模块进行特征融合处理，从而使用于表情分类的特征包含更多的细节信息，最终提升人脸表情识别模型在自然环境下的识别精度。为了验证上述性质，本节首先描述本章实验使用的人脸表情基准数据集，接着介绍我们提出的方法的实施细节，然后在三个数据集上证明该方法的有效性。此外，本章还进行了定性评估实验，以表明所提出方法中的两个模块有助于提高模型的性能。最后还将实验结果与当前的先进方法进行了比较。

3.5.1　实验数据集

为了验证我们在本章提出的人脸表情识别模型，实验总体采用了两种类型的数据集：其一是用于预训练的数据集ImageNet[83]，它可以帮助模型事先从大规模数据集中学习到目标的常见特征，例如一些边缘、纹理等特征；其二是用于验证人脸表情识别模型的人脸表情数据集，分别是FERPlus[34]、RAFDB[35]、AffectNet[36]。

ImageNet是一个广泛使用的大型视觉数据库，对计算机视觉和深度学习领域具有重要影响。它由超过1 400万张图像组成，这些图像涵盖了多种类别，从动物到日常物品，应有尽有。每张图像都经过人工注释，标明了包含的对象。ImageNet的规模和多样性使其成为机器学习模型训练和测试的理想资源，尤其是在图像识别和分类任务中。此外，ImageNet还举办了著名的年度竞赛——ImageNet Large Scale Visual Recognition Challenge，简称ILSVRC。该竞赛极大地推动了计算机视觉领域，特别是深度学习技术的发展。

3.5.2　实验实施细节

本小节将详细地说明我们提出的人脸表情识别模型的具体实验细节。在本章我们提出的方法的输入数据是三通道彩色图像，输出的是面部表情的分类。与大多数人脸表情识别或图像分类的方法类似，在网络训练过程中执行一些预处理工作。例如，本章对原始图像进行常见的数据增强操作，包括随机水平翻转和随机旋转，并将图像的分辨率调整为128×128

ppi。此外，本章对人脸表情图像的每个通道（RGB）进行归一化处理，并将平均值和标准差分别设置为0.5。为了使所提出的方法更有说服力，使用两种类型的训练：在公开的ImageNet数据集上预训练和从头开始训练。对于特征提取模块，设置每个密集块中使用的滤波器的核大小k=3, 5, 7。在本章的实验中，使用PyTorch工具包提供的近邻插值算法作为上采样操作，并且使用Adam优化器，采用学习率衰减策略来训练人脸表情识别模型。批量大小为48，学习率设置为0.003，所有实验均使用Pytorch 1.7，并在带有3.70GHzi7-8700KCPU和V100GPU的Ubuntu18.04工作站上进行操作。

(3.5.3) 基础对比实验

在本节的基础对比实验中，对提出的人脸表情识别网络的性能进行了评估。具体而言，模型的性能表现在人脸表情基准数据集RAFDB、FERPlus和AffectNet上得到了测试，分别实现了88.08%、88.11%和59.38%的识别准确率。此外，图3-5详细展示了模型在各个数据集上对不同表情类别的识别情况。所提出的模型在RAFDB数据集中的开心、惊讶、平和、悲伤、愤怒等表情类别上表现更好，取得的识别精度更高，它们的识别准确率分别达到了95%、86%、89%、85%、81%。但部分表情类别的识别准确率还需要进一步提高，如恐惧（61%）、厌恶（66%）。经过分析，产生这种精度差异的主要原因可能是数据集中各表情类别样本分布的不均衡。从在FERPlus数据集上的实验结果可以看出，愤怒、开心、平和、悲伤等表情类别获得了很好的识别准确率，分别为85%、93%、95%、80%，厌恶、恐惧和惊讶表情类别取得了中等的识别准确率，分别为60%、57%和79%。从AffectNet数据集上的实验结果可以清楚地发现，所有表情类别的识别准确率都在70%以下。除厌恶、平和、蔑视外，其他表情类别的识别准确率均高于60%。模型在AffectNet数据集上的识别率低的原因主要在于其数据分布极不均衡。加之图像的多样性和复杂性，即便是先进的人脸表情识别模型在该数据集上也面临挑战。这一问题提示研究者未来需要重点关注改善模型在数据不均衡和高复杂性环境下的性能，以推动人脸表情识别技术的进一步发展。

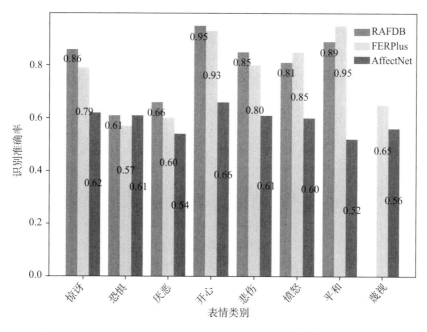

图3-5　RAFDB、FERPlus和AffectNet上每种表情的识别准确率

为了深入分析并比较各个表情类别的分类性能，我们构建了针对在RAFDB、FERPlus和AffectNet数据集上的测试结果的混淆矩阵，分别如图3-6至图3-8所示。这些混淆矩阵提供了一种直观的方式来展示每种表情类别的识别准确率，并揭示了表情被误识别为其他类别的详细情况。对于RAFDB数据集（如图3-6所示），本章的方法在处理某些特定表情类别时显示出优异的性能，尤其是平和和开心的表情类别，然而，对恐惧和厌恶的表情类别的识别准确率较低，分别只有61%和66%，并且这些表情有时被误识别为"惊讶"和"平和"，误识别率分别高达11%和18%。而在FER-

Plus 数据集的结果中（如图3-7所示），模型同样展现了良好的性能，尤其在开心、平和、愤怒和悲伤这几类表情上取得了较高的识别准确率。但对于恐惧表情类别，模型的表现相对较差，识别准确率仅为57%，并且这一表情类别有21%的图像被误识别为悲伤。这些分析结果不仅显示了模型在不同数据集上的表现，还突出了需要进一步改进的具体表情类别，为未来模型优化提供了方向。对于 AffectNet 数据集（如图3-8所示），本章提出的模型在大多数表情类别上表现不够理想，其中，在平和表情上的表现最差，识别准确率为52%，因为其与悲伤和蔑视表情类别相混淆了，混淆率都为14%。产生这种现象主要归咎于数据的不平衡，这也是未来研究应关注的重点。

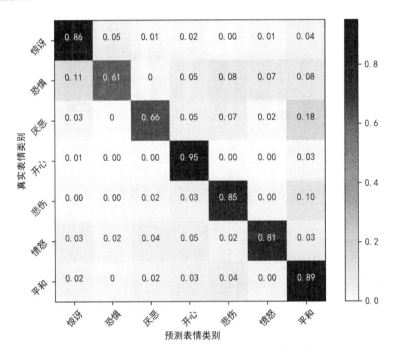

图3-6　RAFDB 数据集上七种表情的混淆矩阵

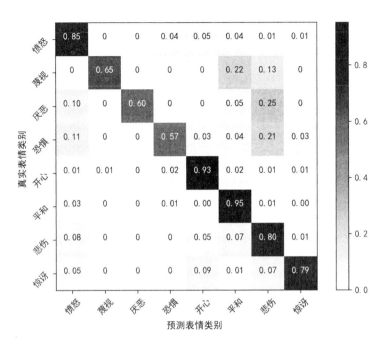

图3-7　FERPlus 数据集上八种表情的混淆矩阵

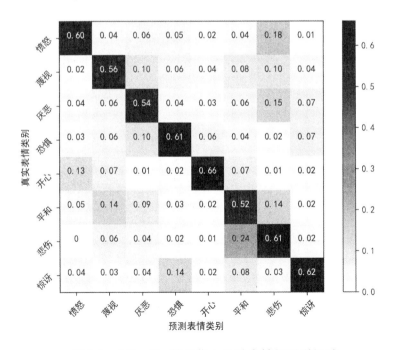

图3-8　AffectNet 数据集上八种表情的混淆矩阵

实验结果揭示了在人脸表情识别任务中存在显著的性能差异，部分表情类别如开心或愤怒的识别准确率可以高达94%以上，这表明所提出的人脸表情识别模型在处理这些表情时具有很强的判别能力。然而，对于**Af-fectNet**数据集中的蔑视、厌恶和平和等表情类别，识别准确率不足60%，这显示出模型在处理这些复杂或微妙表情上的局限性。这种性能波动突显了在自然环境下应用人脸表情识别模型时面临的挑战，尤其是在数据集存在类别不平衡或某些表情类别样本较少的情况下。因此，尽管所提出的模型能够在一定程度上提高自然环境下的人脸表情识别精度，但它对某些特定表情的识别仍有待优化。

在评估本章所提出的人脸表情识别模型时，除了关注识别准确率这一基本指标外，还引入了机器学习领域中被广泛认可的其他评价指标（包括特异性、敏感性kappa指数），以便全面了解模型的整体性能。具体评估结果见表3-1。从表3-1展示的评估结果可以看出，该模型在多个指标上均展现出优秀的性能。观察特异性结果可以发现，该模型在各个表情类别上的评估得分普遍超过0.94，显示出模型在判断非目标类别样本（即阴性样本）时的高准确度，这表明模型在减少假阳性预测上的优良表现。对于敏感性指标，即模型正确识别正类别（阳性样本）的能力，除了在恐惧和厌恶表情类别上稍显不足外，模型在其他表情类别上的表现也较为优异。此外，对准确性的评估得分普遍超过0.9，强调了模型在大多数情况下能够准确预测表情图像所属的类别。大部分表情类别的kappa指数的评估得分都超过0.80，平均值接近0.80，这一结果凸显了模型预测与实际类别之间的高度

表3-1　在RAFDB数据集上的多个指标的评估结果

指标	惊讶	恐惧	厌恶	开心	悲伤	愤怒	平和	均值	方差
特异性	0.985 8	0.991 6	0.988	0.969 7	0.978 4	0.993 5	0.944 3	0.978 7	0.006 0
敏感性	0.863 2	0.608 1	0.658 2	0.951 9	0.845 2	0.814 8	0.889 7	0.804 5	0.043 8
准确性	0.972 6	0.982 4	0.971	0.962 8	0.957 6	0.984	0.932 2	0.966 1	0.006 2
kappa指数	0.855 8	0.616	0.685 1	0.921 6	0.836 4	0.835	0.809 3	0.794 2	0.037 1

一致性，进一步证实了模型在人脸表情识别任务中的有效性和可靠性。这些综合性的评估结果从多个维度证明了我们提出的模型的强大性能，为后续的研究和应用提供了实验基础。

为了进一步观察我们所提出的人脸表情识别模型的学习效果，我们将特征提取模块中的每个密集块和特征融合模块的输出进行了可视化处理，以观察特征提取模块到底学习到了哪些特征。如图3-9所示为输入的人脸表情图像在经过三个密集块后呈现出的不同的可视化效果。其中，低层特征提取密集块主要学习低级人脸表情特征，这些特征通常捕捉面部表情的视觉边缘、颜色和纹理信息，而中间级、高层特征提取密集块（中间第二列和第三列）主要学习中间级和高层人脸表情特征，这些特征通常包含丰富的语义信息（如嘴巴、眼睛的幅度等）。随着学习水平的提高，模型学习到的人脸表情特征变得越来越抽象，甚至已经很难解释这些特征所代表的具体内容。为了进一步了解提出的网络具体是通过图像的哪一部分做出最终分类决策的，我们绘制了模型的类激活图（如图3-10所示），以观察指导分类的重要区域是否落在了表情图像的关键区域。从图3-10可以看到，大部分重要激活的区域都集中在研究者们认为最有助于做出判断的部位，如脸颊、额头、下巴、鼻子、皱纹等区域。这种观察结果验证了模型在识别过程中能够有效地关注到表情识别的关键面部区域，从而充分证明了所提出的模型在人脸表情识别任务中的有效性和合理性。

（a）低层特征提取密集块　　（b）中间级特征提取密集块　　（c）高层特征提取密集块

图3-9　三个密集块的特征图可视化

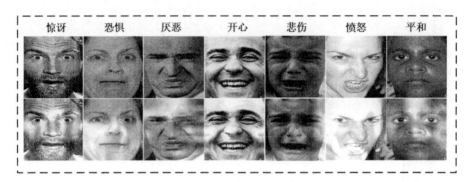

图 3-10　类激活图可视化

3.5.4　消融实验

本节的消融实验将细致探究提出的多层级特征提取与融合人脸表情识别模型中的各个关键组成部分，包括特征提取模块、特征融合模块以及优化策略，目的是全面评估并揭示每个模块在整体架构中的作用和贡献。通过对特征提取模块的消融研究，可以明确不同层级和尺度的特征提取对模型性能的影响，进而验证多尺度特征融合策略在提升识别准确性中的关键作用。特征融合模块的消融实验将揭示特征融合对最终识别结果的具体贡献，从而证实该模块在强化模型对复杂表情特征理解能力方面的重要性。此外，优化策略的消融分析将展现不同训练策略对模型学习效率和性能稳定性的影响，证实细致调整优化参数对实现模型最优性能的必要性。通过这些消融实验，旨在为模型的每一部分提供清晰的效能评估，确保整体人脸表情识别框架的高效性和适应性。

1. 特征提取模块与特征融合模块评估

本部分实验主要是为了探索特征提取模块在不同参数设置下的效果并试图找到最合适的参数。在 RAFDB 数据集上进行的实验对比了含 3、5 和 7 卷积核的密集块在特征融合模块存在与否两种情形下的性能。每个密集块内部由多个卷积层组成，这些层使用不同大小的卷积核 k（如图3-2所示），实验通过调整 k 值来评估特征融合模块对模型性能的影响。表3-2为在 RATADB 数据集上对不同尺度卷积下的密集块和特征融合模块的评估结果。表3-2中的实验结果表明，特征融合模块的加入均提高了模型性能，准确率提升幅度介于0.09%和1.14%之间，突显了特征融合模块在增强人脸表情识别准确性中的重要性。同时，实验结果也强调了保留和合理利用多层次人脸表情特征的必要性。详细分析显示，当卷积核设置为3，5，7时，模型达到了相对较高的性能水平，而全部配置为7时，模型性能最弱。这些发现揭示了不同尺寸卷积核在特征提取中的作用差异，强调了在设计特征提取模块时需要综合考虑不同层次特征的协同作用，以及合理配置卷积核尺寸以优化人脸表情识别模型的整体性能。

表3-2　在RAFDB数据集上对不同尺度卷积下的密集块和特征融合模块的评估

特征提取模块 参数 / k	采用特征融合模块的 准确率 / %	不采用特征融合模块的 准确率 / %
3，3，3	85.50	84.59
3，5，5	86.95	85.81
3，7，7	86.70	85.64
5，5，5	85.89	85.23
5，5，7	85.12	85.03
7，7，7	84.65	84.09
3，5，7	88.08	87.14

通过对上述实验的仔细分析，观察到用于特征提取的第一个密集块的参数 k 越小，实验效果越好；k 越大，情况反而越差。例如，k 取值从3，5，5到5，5，5，准确率反而从85.81%降到85.23%。这可能是卷积核越小提取到的特征就越精细的原因。所以，对于在本章所提出的人脸表情识别模型，在第一步特征提取时，使用较小的卷积核可以取得较好的实验效果。在特征提取的过程中，一定程度地逐渐增大卷积核的大小可以增强卷

积操作提取特征的能力，但这个规律并不是严格线性的。总之，这些实验结果证明了所提出的多级特征提取模块的性能要优于单一尺度卷积的性能（如 k 为 3，3，3 或 5，5，5 或 7，7，7 的时候）。进一步，当卷积核尺寸按照从小到大的方式设置时，提取的特征的质量更好。需要注意的是，面对多尺度提取的人脸表情特征，如果再添加一个特征融合模块来融合它们，将会得到更加具有代表性且包含更多信息的人脸表情特征，最终取得的识别效果也越好。因此，特征融合模块的设计和应用对多级特征提取的人脸表情识别网络是非常有价值的，值得深入探讨。

2. 特征融合模块与优化策略评估

从上述实验结果中明显可见，特征融合模块在所提出的多级特征提取的人脸表情识别模型中扮演了关键角色。在此基础之上，研究还探讨了采用的优化策略的有效性，特别是通过设置特征融合模块、标签平滑和L2正则化的消融研究。表3-3为在RAFDB数据集上对特征融合模块与优化策略的评估结果。

表3-3 RAFDB数据集上对特征融合模块与优化策略的评估

特征融合模块	标签平滑化	L2正则化	识别准确率/%
×	×	×	86.34
×	√	×	86.75
×	×	√	86.92
×	√	√	87.33
√	×	×	87.59
√	√	×	87.72
√	×	√	87.94
√	√	√	88.08

从表3-3中的结果明显可以看出，特征融合模块的应用是实现模型性能提升的基础。对于未集成特征融合模块的模型，性能提升的空间较为有限。实验数据还表明，标签平滑化和L2正则化在性能提升方面各自贡献了至少0.1%的提升，其中L2正则化的贡献略高于标签平滑化，二者共同应用

时能够实现大约0.5%的性能增益。这些结果还表明，所提出的特征融合模块有效增强了模型的表现力。此外，标签平滑化与L2正则化的结合使用进一步提升了模型性能，特别是在面对数据不平衡导致的过拟合问题时。综合来看，标签平滑化和L2正则化的应用不仅增强了模型在测试集上的泛化能力，还有助于最大化地发挥所提出模型的潜在性能，进而实现更加准确的人脸表情识别。

3. 不同分辨率的人脸表情图像对人脸表情识别性能的影响

在进一步的实验中，我们探究了图像分辨率变化对模型性能的具体影响，鉴于不同分辨率的图像携带的细节信息量不同，这直接关系到模型能够利用的信息量，进而影响模型性能。表3-4为在RAFDB数据集上不同分辨率图像对模型性能的影响结果。

表3-4　在RAFDB数据集上不同分辨率图像对模型性能的影响

图像分辨率/ppi	识别准确率/%
96×96	85.42
100×100	85.86
128×128	88.08
224×224	87.86

根据表3-4的结果，采用数据集原始分辨率（100×100 ppi）作为基线进行对比，当分辨率略降至96×96，模型性能略有下降（准确率减少了0.44%），这或许是因为图像细节的轻微丢失。而分辨率上调至224×224 ppi，模型性能则获得了2.0%的提升，表明更高分辨率下的图像为模型提供了更多的细节信息，从而有助于模型学习更加丰富的特征。在实验中发现，当图像分辨率设定为128×128 ppi时，模型的准确率达到了88.08%的最佳性能。这表明虽然提高图像分辨率能够增强模型性能，但是不宜盲目增大，因为过高的分辨率会增加计算资源的消耗，而不一定带来性能的线性提升。因此，在选择图像分辨率时，应该综合考虑模型性能与计算资源之间的平衡，通过实验确定最适合特定任务的图像分辨率，以确保模型达到最优性能。

3.5.5 对比实验

1. 我们提出的模型与先进的模型的精度对比

为了全面评价本研究所提出的人脸表情识别方法，我们在RAFDB、FERPlus和AffectNet三个人脸表情基准数据集上进行了验证，并与数个现有的先进方法进行了对比。其中IPA2LT[66]是从多个不一致的标记数据和大规模未标记数据训练人脸表情识别模型；而gaCNN[53]引入了区域分割和遮挡感知来训练网络。RAN[46]捕获对于人脸表情识别的遮挡和姿态变换重要的图像区域。SCN[67]考虑了抑制面部表情图像中的不确定性以实现高效的识别性能。上述优秀方法通过适合的训练方式（如预训练、融合数据集、跨数据集训练），都取得了良好的效果。表3-5、表3-6、表3-7分别为我们提出的人脸表情识别模型与先进的模型分别在RAFDB、FERPlus、AffectNet数据集上的识别准确率对比结果。

表3-5　我们提出的人脸表情识别模型与先进的模型在RAFDB数据集上的识别准确率对比

模型/方法	预训练	准确率/%	参数/M	浮点运算/M	推理时间/s
DLP-CNN [84]	√	87.22	74.96	523.36	0.007
IPA2LT [66]	√	86.77	>23.52	>4 109.48	0.058
gaCNN [53]	√	85.07	>134.29	>15 479.79	0.219
RAN [46]	√	86.90	11.19	14 548	0.206
SCN [67]	×	83.42	11.18	1 818.56	0.025 7
SCN [67]	√	87.03	11.18	1 818.56	0.025 7
Ours (MFEFNet)	×	86.93	0.195	7 733.09	0.195
Ours (MFEFNet)	√	88.08	7.98	7 733.09	0.195

表3-6　我们提出的人脸表情识别模型与先进的模型在FERPlus数据集上的识别准确率对比

模型/方法	预训练	识别准确率/%
PLD[34]	×	85.1
ResNe-t18+VGG-16[85]	√	87.4
LDR[57]	√	87.6
RAN[46]	√	87.85
SCN[67]	×	78.31
SCN[67]	√	88.01
Ours (MFEFNet)	×	87.80
Ours（MFEFNet）	√	88.11

表3-7　我们提出的人脸表情识别模型与先进的模型在AffectNet数据集上的识别准确率对比

模型/方法	预训练	识别准确率/%
IPA2LT[66]	√	57.31
gaCNN[53]	√	58.78
RAN[46]	√	52.97
SCN[67]	×	47.28
SCN[67]	√	60.23
Ours (MFEFNet)	×	58.51
Ours（MFEFNet）	√	59.38

从表3-5、表3-6及表3-7可以看出，我们在本章所提出的模型与大多数模型相当，不引入预训练或数据集融合训练就可以达到相当的性能。然而我们提出的模型在经过预训练后，其性能可以进一步提高，在RAFDB数据集和FERPlus数据集上分别获得了88.08%和88.11%的识别准确率，在AffectNet数据集上识别准确率达到了59.38%。

上述实验表明，我们提出的模型在RATDB、FEBPlus和AffectNet数据集上的人脸表情识别任务中都取得了一定的性能提升。我们提出的模型与先进的模型在三个数据集上的识别准确率对比见表3-8，可综合对比本模型与先进模型之间的性能。其中，在RAFDB数据集上，与模型SCN相比，我们提出模型的识别准确率提高了1.05%。

表3-8　我们提出的人脸表情识别模型与先进的模型在三个人脸表情数据集上的
识别准确率比较

模型/方法	识别准确率/%		
	RAFDB	FERPlus	AffectNet
VGG-16[38]	86.11	86.67	53.00
改进的VGG-16	86.97	87.31	53.85
ResNet-18[43]	85.45	86.29	55.00
改进的ResNet-18	86.14	87.42	55.75
IPA2LT[66]	87.22	—	57.31
gaCNN[53]	85.07	—	58.78
RAN[46]	86.90	87.85	52.97
SCN[67]	87.03	88.01	60.23
EAC[86]	88.89	88.52	59.68
Ours (MFEFNet)	88.08	88.11	59.38

在FERPlus数据集上，我们提出的模型将识别准确率提高了0.1%。在AffectNet数据集中，我们提出模型的性能排名第二。与最先进的模型相比，它确实还需要进一步改进，但其性能的提升仍表明了该模型的有效性。我们提出的模型在RAFDB数据集上获得的识别准确率提高得是最明显的。进一步的实验还探讨了将本模型应用于改进的VGG-16模型和改进的ResNet-18模型，通过替换这两个模型中的关键部分来集成我们所提出的特征融合策略。具体来说，使用这两个模型的最后三个阶段（VGG-16、ResNet-18中128、256和512卷积层的输出）来替换所提出的模型中的三个密集块，然后这三级的输出被输入特征融合模块以执行下一步融合操作。由表3-8可知，与原始模型相比，改进的VGG-16模型和改进的ResNet-18模型在三个数据集上的识别准确率都提高了，显示出了更强的性能。对于改进的VGG-16，它在RAFDB、FERPlus和AffecNet数据集上的识别准确率分别提高了0.86%、0.64%和0.85%。对于改进的ResNet-18，它在RAFDB、FERPlus和AffecNet数据集上的识别准确率分别提高了0.69%、1.13%和0.75%。这些实验结果强调了在人脸表情识别任务中，采用多层次

特征融合方法替代仅依赖高级特征进行决策的传统方法，可以有效提升模型对复杂环境下人脸表情的识别准确率。

此外，一些研究者还提供了未加权的准确度进行评估，表3-9表明，所提出的模型接近现有模型的最佳结果。

表3-9　我们提出的人脸表情识别模型与先进的模型在RAFDB数据集上的非加权识别准确率对比

方法	未加权时的准确率/%
DACL [30]	80.44
Multi-region ensemble [87]	76.73
CFL [88]	75.73
Ours (MFEFNet)	80.43

2. 我们提出的模型与先进的模型的计算复杂度对比

在本研究中，对所提出的人脸表情识别模型不仅从识别准确率进行了评估，还从计算复杂度，包括浮点运算次数和参数量进行了全面考量。浮点运算次数反映了模型在执行一次前向传播所需的计算操作数，其值越低，意味着模型的计算效率越高，运行速度越快。而模型的参数量则直接关联到模型大小，参数越少，模型越轻量，更易于在资源受限的环境下部署。根据表3-5中的数据知，本章提出的模型所需的模型参数量仅为7.98 M，相比于其他一些先进模型如SCN、RAN等，它在部署至资源受限的设备上时展现出显著的优势。然而，由于采用了多尺度卷积和较多的网络层次，模型的浮点运算数较高，这在一定程度上影响了模型的推理速度，使其与其他模型（除RAN、gaCNN外）相比表现稍逊。尽管如此，考虑到硬件技术的持续进步，推理速度的问题有望得到解决，我们提出的模型有望成为在计算复杂性和识别准确度之间取得平衡的可行方案。综上所述，若用户将识别精确度和模型的轻量级（便于部署）作为主要考量因素，那么我们提出的人脸表情识别方法将是一个很好的选择。

3.6 本章小结

本章深入探讨了人脸表情识别模型在处理现实环境中复杂图像时面临的挑战，尤其是在特征提取不充分方面的问题，这通常导致在自然环境下的识别精度下降。为解决这一问题，本研究提出了一种新的网络架构，旨在学习并融合不同层级的人脸表情特征，从而提升模型在现实条件下的表现。这种架构包含特征提取与特征融合两个关键模块。特征提取模块负责从人脸图像中捕捉从浅层到深层的各种表情特征，而特征融合模块则聚焦于这些不同层次的特征，实现它们的有效整合。这种整合过程采用动态自适应机制，确保网络能够综合利用各层次特征，最终实现对人脸表情的高精度识别。通过这种方式，模型能更好地适应各种环境变化，提高其在自然场景下的应用价值和准确性。

具体来说，本章针对现有的人脸表情识别方法普遍在实验室环境下取得了良好的识别性能，在自然环境下仍面临巨大挑战的问题，从多层级特征提取与融合的改进角度出发，设计了新的人脸表情识别模型来解决上述问题。该方法不同于传统的依赖单一尺度卷积核提取特征的网络，它引入了多尺度卷积核的特征提取模块，使其能够从多个层级捕获丰富的面部表情特征，从而增强了模型对于复杂自然环境下表情的识别能力。实际上，本章的方法并不直接使用这些多层次特征，而是设计了一个带有全局和局部注意力的特征融合模块，其以自上而下的方式自适应地将这些不同层次的特征成对融合，优化了特征表达，从而构建了新的面部表情特征。此外，为应对数据集中存在的数据不平衡问题，引入了标签平滑化和L2正则化策略，这些措施共同助力模型优化，降低过拟合风险。本章从多个角度进行了实验验证，实验结果

表明，与目前的基线方法相比，我们提出的模型具有更好的竞争优势。其中不同尺度的卷积提取的特征比从单一核尺度的卷积提取的特征更具代表性，因为它们具有不同的表达能力，它们的有效融合可以进一步增强面部表情特征的表示。此外，所提出的多级特征融合方法还可以在一定程度上提高传统卷积网络在人脸表情识别任务上的性能。

第四章

面向特征增强的人脸表情识别方法

第三章针对在自然环境下执行人脸表情识别任务时，面临人脸表情图像清晰度不够高、潜在的噪声污染、光照不均衡等低质量问题而导致常规人脸表情识别模型提取的表情特征不够充分的问题，我们提出了有机提取和融合多层级人脸表情特征的解决方案，这在一定程度上解决了自然环境下人脸表情识别模型面对低质量图像输入识别准确率有所下降的问题。然而这种基于传统卷积神经网络的人脸表情识别方法依旧有值得改进的地方。例如，虽然所提出的多尺度特征融合的方法使得人脸表情特征具有更好的表征能力和稳健性，然而卷积网络的能力毕竟有限。近年来，基于卷积神经网络的模型在表情识别任务上仍面临诸多问题，其提取到的表情特征没有得到进一步探索，例如特征冗余，重要区域特征未得到重点关注而无关特征却被较多关注，从而导致基于卷积神经网络的人脸表情识别模型的性能潜力得不到进一步开发，这在一定程度上限制了人脸表情识别模型在自然环境下的应用。总的来说，当前基于卷积神经网络的人脸表情识别模型提取的特征质量依旧不够高，无法有效地强化重要特征而弱化无用特征，导致其识别性能未能得到更大限度的激发。

因此，我们提出一种针对基于卷积神经网络的人脸表情识别模型提取的特征质量不够高、注意力不够集中问题的解决方案。该方案采用类似于注意力机制的方式，采用视觉变换器来增强卷积神经网络提取的特征，使

人脸表情识别模型的注意力尽可能集中到关键区域，提取到的人脸表情特征的表征能力更强，最终进一步提升其在自然环境下的识别性能。大量的实验证明，我们提出的方法是通过关注更准确的决策特征来提高人脸表情识别模型的性能的，并且可以很容易地嵌入常规卷积神经网络模型，帮助它们在人脸表情识别任务上获得更高的准确率。

4.1 引言

现有的基于卷积神经网络的人脸表情识别方法的性能比较脆弱，容易受到图像质量、头部姿势和遮挡干扰等不利因素的影响，从而造成其在自然环境下出现精度下降的问题。改进后的多级特征提取与融合的人脸表情识别模型在一定程度上有效地解决了面临的问题，然而依旧存在提取的特征质量不够高的困扰。如果能够增强人脸表情识别网络提取的特征的质量，那么自然环境下的人脸表情识别模型的性能将有机会得到进一步提高。

最新的研究将原本主要应用于自然语言处理领域的变换器结构引入视觉任务中，由此带来了适合于视觉任务的视觉变换器（vision transformer, ViT），并在多个视觉任务上展现出了显著的效果。在关于 ViT[89]、PVT[90] 的研究中，研究者成功地将视觉变换器应用于各种视觉领域任务，展示了其卓越的性能。视觉变换器的核心在于其自注意力机制。该机制能够捕捉输入序列内部的细粒度依赖关系，使得视觉变换器能够关注序列中的每一个元素，并有效地聚合整个序列的信息。这一特性使视觉变换器不仅可以捕获局部信息，还能综合全局信息，通过加强序列内部各元素间的联系，剔除无关信息，强化关键信息。考虑到视觉变换器在序列数据建模上的优势以及在上述研究中取得的卓越成绩，我们认为，将视觉变换器结构引入人脸表情识别领域，作为特征增强器，有望显著提升人脸表情识别任务的性能。这种结构的引入，可以期待在提取面部表情特征，尤其是在处理复杂情境和细腻表情差异时，展现出更加精准和高效的表情识别能力。

虽然视觉变换器结构已在众多视觉任务中得到应用，大多数研究还是倾向于将其作为骨干网络末端的分类器使用。然而，鉴于视觉变换器在处理序列数据时展现出的对远程依赖建模的优秀能力，以及其在各类图像任务中表现出的强大性能，我们尝试深入探讨视觉变换器在人脸表情识别任务中的应用潜力。人脸表情识别不仅需要捕捉人脸的基础特征，还要精确解析这些特征随着不同表情的微妙变化，这恰好是自注意力机制的强项。通过自注意力机制，模型可以更加精细地分析各个人脸特征之间的相互依赖，从而提取出更精确和鲁棒的表情特征。自注意力机制的长距离依赖捕捉能力对于理解复杂表情的细微差异尤为关键。在人脸表情分析中，不同面部区域间的交互对整体表情的识别至关重要，而自注意力机制能够揭示这些区域间的复杂相互作用。据此，引入视觉变换器以利用其自注意力机制对人脸特征进行深层次建模，显然是一种有前景的尝试。在本章我们提出一种面向特征增强的人脸表情识别方法，在该方法中两个基于视觉变换器的模块被用作特征增强模块，它们可以放置在常见的卷积模块后面，将卷积层输出的特征图作为输入并进行学习，从而达到提升特征质量的目的。这种方法有望为人脸表情识别领域带来新的发展机遇，推动技术向更高的准确性和鲁棒性迈进。

4.2 相关研究工作

近年来，由于基于常规卷积神经网络的模型在表情识别的竞争中逐渐显露出疲态，一些研究者研究用注意力机制来提高卷积神经网络的特征质量，从而达到增强网络性能的目的。注意力机制的引入得益于人类观察外界的能力。事实上，人类第一眼看到某个区域的过程其实就是注意力机制的实践过程，它可以让人类的大脑更加集中在重要或者显著的区域，并给予更多的关注。通过在神经网络中引入注意力机制，就可以在众多杂乱的输入信息中聚焦于对当前任务更有价值且更重要的信息，降低对其他无关信息的关注程度，甚至在一定程度上过滤掉无用信息，从而可以在一定程度上解决特征质量不够高的问题，最终提高目标任务的各种性能表现。

在目前的深度学习中，已有大量关于注意力机制意义的研究，如DMCNN[91]、DAN[92]等。此外，注意力机制还被成功地应用于提高人脸表情识别模型的准确性。在这些基于注意力机制的方法中，大多数都是利用传统的卷积等操作来生成通道或空间注意力值，然后将生成的注意力值融入原始特征图以丰富特征表示，如SENet[93]和CBAM[94]。SENet在通道维度上增强了原始特征，CBAM在通道维度和空间维度上都增强了原始特征。在最近的研究中，原始用于自然语言处理任务的变换器架构因其自注意力机制的优异表现受到了越来越多的关注。

为了使注意力机制更适合自然语言处理任务，Vaswani等人[95]提出了一种变换器架构。该架构在自然语言处理任务中表现出显著的性能。受变换器成功应用的启发，一些研究者开始将研究重点从注意力机制转向变换器在视觉任务中的应用。视觉变换器是在图像分类任务中引入纯变换器架构的方法，只需很少的修改，它使用图像补丁序列作为转换器的输入，并获得了先进的结果[89]。Dosovitskiy等人[89]指出，当有足够多的数据用于预训练时，视觉变换器在性能上常常能够超越传统的卷积神经网络。这一现象的背后逻辑在于，视觉变换器通过大规模数据的深入学习，能够掌握更加丰富和细致的特征表示。这一点特别重要，因为变换器架构在处理视觉任务时通常被认为缺乏固有的归纳偏置，如卷积神经网络中的局部感知字段和平移不变性。在数据量不多的情况下，这种限制可能导致性能降低，因为变换器可能无法从少许的数据中高效地捕捉到泛化的视觉信息。然而，一且预训练数据变得充分，视觉变换器便能通过其出色的学习技能缓解这些困扰，从而在各种上游任务和下游任务中展现出优异性能。为了进一步改进视觉变换器，Touvron等人[96]提出了DEiT来提高视觉变换器在规模受限的数据集上的训练效率。他们研究工作的主要贡献包括提出了一种高效的视觉变换器的训练方法，允许视觉变换器在不依赖大规模数据集的情况下也能有效训练和学习，这对于资源受限或数据获取受约束的自然场景具有重要帮助。另外，该研究工作还引入了一种基于注意力机制的知识蒸馏策略，通过匹配教师模型和学生模型的注意力图来传递知识。这种方法不仅提高了小型视觉变换器模型的性能，还拓展了知识蒸馏在变换器模型中的应用。进一步，Han等人[97]提出了一种TNT架构，该架构可以通过学习这些局部补丁内部的注意力来构建高性能的视觉变换器。在人脸表情识别方面，Huang等人[98]旨在解决传统的基于卷积神经网络的人脸表情识别模型无法学习大多数神经层中不同面部区域之间的长距离归纳偏差的问题。他们提出了一种基于网格的注意力机制来捕捉人脸表情图像中不同区域的相关性，从而对低级别特征学习中卷积滤波器的参数更新添加正则化操作。此外，Huang等人还提出了一种视觉变换器注意力机制，该机制使用一系列视觉语义标记来学习全局表示，以优化高级语义表示。Ma等人[99]将变换器视为一个全局分类器，作用于卷积神经网络和局部二值模式的融合特征来为人脸表情识别服务，最终得到了较好的性能改进效果。

综上，视觉变换器已逐步应用于图像任务的各个领域，这些研究工作的成功证明视觉变换器值得进一步探索。视觉变换器应用成功的关键因素之一是其自注意力机制对序列数据的内部依赖关系建模。这一点在处理复杂视觉任务时尤为重要，因为它允许模型捕捉图像中不同部分之间的复杂关系，从而获得更加丰富和精准的特征表示。视觉变换器也许有机会应用到人脸表情识别，因为人脸表情识别网络所提取的特征图刚好是序列数据（从通道或者空间维度）。如果能够用自注意力机制对提取到的人脸表情特征进行序列关系建模，也就是依赖关系学习的话，那么就有机会得到质量

更高的人脸表情特征，这样的特征将会进一步促进人脸表情识别网络做出
更加精确的决策。

4.3 现有研究存在的问题

视觉变换器已经在图像任务的多个领域得到广泛应用，也取得了众多
显著的成绩。尽管如此，视觉变换器的应用依旧有进一步探索的空间和价值。

（1）当前的基于卷积神经网络的人脸表情识别模型遇到了性能提升瓶
颈，当视觉变换器结构在视觉任务中表现优异时，大多数研究工作只是将其
当作特征提取器或者主干网络，很少有研究者认为其内部机制具有增强特
征的功能。

（2）很少有研究者能更好地将视觉变换器应用于人脸表情识别任务，
只是简单地将其叠加在主干网络的末端作为分类器，这样的做法在一定程
度上限制了其发展的空间。

4.4 方法设计

我们在本章提出的面向特征增强的人脸表情识别方法旨在增强基于卷
积神经网络的人脸表情识别模型所提取的特征的质量（强化关键性表情特
征），从而进一步实现提升人脸表情识别模型在自然环境下的识别精度。该
方法通过将人脸表情特征处理为序列数据，然后输入视觉变换器中来加强
人脸表情特征的表示。视觉变换器首先在通道维度对输入的特征进行增

强，随后将增强的特征在空间维度进行增强，从而实现整体的特征质量提升。具体来说，在该增强方案中输入的特征图以通道序列和空间序列的形式作为视觉变换器的输入，通过这种方式，可以在通道和空间维度上达到增强特征图的目的。对于通道序列，每个特征图沿着通道维度作为视觉变换器的输入。对于空间序列，特征图通过沿空间维度的重新排列方法分割成一系列特征块作为视觉变换器的输入。由此，视觉变换器可以在空间和通道两个维度对输入的卷积特征进行注意力学习，起到增强人脸表情特征的作用，从而有机会再一次提高人脸表情识别网络在自然环境下的识别准确率。

4.4.1 总体设计

受视觉变换器在图像领域成功应用的启发，我们提出了一种面向特征增强的人脸表情识别方法，旨在通过特征增强策略突出关键性表情特征的表征能力及其相对重要性，进一步提升人脸表情识别网络的准确性和鲁棒性。具体来说，我们提出了一种用于人脸表情识别的视觉变换器增强模块，其可以通过特征增强来实现稳定的人脸表情识别。参照常规注意力机制的做法，从通道增强和空间增强的角度设计了特征增强的人脸表情识别方法。在本节中，首先阐述所提出的方法中的主要角色，即变换器增强模块，然后详细介绍其功能和具体的内部实现。

如图4-1所示，我们提出的视觉变换器增强模块由两个重要的模块组成，即通道增强模块和空间增强模块。通道增强模块的功能是通过学习通道依赖关系来增强原始输入特征图在通道维度上的特征表示，空间增强模块侧重于通过学习空间依赖关系来增强原始输入特征图在空间维度上的特征表示。

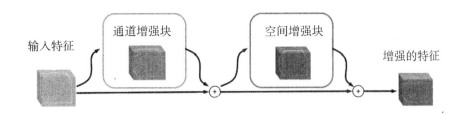

图4-1　视觉变换器增强模块

视觉变换器增强模块的工作流程为：给定一个特征图 $F \in \mathbb{R}^{C \times H \times W}$ 作为输入（其中 C、H、W 分别表示特征图的通道数、高度和宽度），视觉变换器增强模块会先输出一个与输入特征图形状相同的通道增强特征图 $AM_{\mathrm{CE}} \in \mathbb{R}^{C \times H \times W}$，然后输出一个空间增强特征图 $AM_{\mathrm{SE}} \in \mathbb{R}^{C \times H \times W}$。整个变换器增强模块的工作流程可表示为

$$AM_{\mathrm{CE}} = CE(F) + F \tag{4-1}$$

$$AM_{\mathrm{SE}} = SE(AM_c) + AM_{\mathrm{CE}} \tag{4-2}$$

式中，CE、SE 分别表示通道增强模块和空间增强模块；AM 表示视觉变换器增强模块的最终输出。

值得一提的是，我们提出的方法与以往基于注意力机制的方法不同，因为该方法不学习特定的注意力值，而是直接学习增强的特征。传统的注意力机制将训练的注意力值与原始输入特征图相乘以获得增强特征，而本方法直接学习与输入特征图具有相同维度的增强特征。从具体细节可以看出，传统的注意力值学习方法（例如SeNet[93]、CBAM[94]），要么首先通过全局平均来池化原始特征图，以获得与原始特征图的通道数相同维度的值，然后进一步训练这些值以成为适当的关注值或权重值（SeNet）；要么对原始特征图进行最大平均池化和全局平均池化，得到两个单通道特征图，然后这两个特征图的元素被进一步训练成最终期望的注意力值（CBAM）。这些方法学习特定通道或空间维度中的注意力值，并且这些值的范围通常被归一化为0～1。而我们提出的方法使用变换器架构来捕获特征图在通道增强模块或空间增强模块之间的长距离依赖关系，最终输出的是一些增强的特征图（值），其尺寸与原始特征图相同。我们提出的方法学习的是与增强特征值类似的特征值，而不是权重值，即只是将输入特征图处理为通道增强模块和空间增强模块的序列，然后输入变换器，没有进行任何池化或压缩，也没有对它们进行归一化处理。这就是所提出方法与其他注意力机制的不同之处。

此外，我们提出的方法可以从特征维度的角度进一步观察。通常，SeNet的输出维度是$C×1×1$，CBAM的输出维度为$1×H×W$，而我们提出的方法的输出维度是$C×H×W$。也就是说，我们提出的方法的输出与输入在维度上一致，这表明该方法学习了增强的特征而不是注意力值。

4.4.2 通道增强模块设计

通道增强模块的目的是挖掘和强化特征图中通道间的依赖性，为了实现这一目的，该模块将特征图按通道分解，每个通道视为独立的序列输入视觉变换器进行处理。通过学习不同通道之间的相互作用和依赖性，通道增强模块能够输出一个在通道维度上进行了优化的特征图。这种处理方式使得每个通道能够集成其他通道的信息，从而得到一个更加全面和深入的特征表示。在实际操作中，通道增强模块首先对每个独立通道的特征进行分析，利用自注意力机制来识别哪些通道是关键的，哪些通道之间存在较强的关联性。然后这些通道间的相互作用信息被用来调整和优化原始的特征图，使得每个通道不仅携带自身的信息，同时还整合了其他通道的重要信息。最终，输出的增强特征图在通道维度上反映了这种整合和优化，提供了更为丰富和精确的特征，用于后续的人脸表情识别任务。通过这种通道增强策略，模型能够更有效地识别和利用特征图中的通道间信息，强化了模型对于不同通道特征的综合利用能力，进而提高了人脸表情识别的准确率和鲁棒性。

通道增强模块的结构如图4-2所示，与原始视觉变换器的结构类似，不同之处在于此通道增强模块仅使用原始视觉变换器的前半部分，丢弃多层感知及其之后的部分。

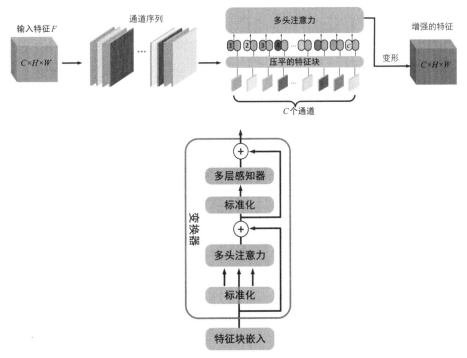

图4-2　通道增强模块的结构示意图

对于标准视觉变换器，大小为$H \times W \times C$的输入图像x被分割成一系列$P \times P$大小的特征块x_p，然后进一步变形为一系列扁平的二维特征块$x_p \left[x_p \in \mathbb{R}^{N \times (P^2 \cdot C)} \right]$，其中$N$是特征块的数量，也是视觉变换器的输入序列长度。然而，对于所提出的通道增强模块，使用卷积运算后的特征图$F(H' \times W' \times C')$作为输入，并且不需要将特征图分割成一系列的特征块，而是直接将每个通道的特征图视为图像特征块（与图像像素块一样，我们认为每个通道的特征之间存在不同的依赖关系）。因此将特征图展平为$H' \cdot W'$维度，特征图的通道数C'被视为序列长度，z_0作为特征块嵌入，维度为$C' \times (H' \cdot W')$，其扩展形式如式（4-3）所示。

$$\begin{cases} z_0 = \left[x_p^1; x_p^2; \cdots; x_p^C\right] + E_{pos}, x_p^i \in \mathbb{R}^{1 \times (H \cdot W)} \\ i = 1, \cdots, C', E_{pos} \in \mathbb{R}^{C' \times (H \cdot W)} \end{cases} \tag{4-3}$$

通道增强模块的整体执行流程如下：

$$z_l = MHA\left(LN\left(z_{l-1}\right)\right) + z_{l-1}, l = 1, \cdots, L \tag{4-4}$$

$$AM_{CE} = z_L + F \tag{4-5}$$

式中，AM_{CE} 表示通道增强模块的最终输出；MHA 表示多头自注意力；LN 表示层标准化的操作；l 表示变换器中编码器的层数；L 表示变换器中编码器的最后一层。

由于我们提出的视觉变换器不需要进行分类操作，所以不对嵌入的特征块序列施加可学习的类标记。同时，还在特征块嵌入中添加了标准的可学习位置嵌入符 E_{pos}，以保留位置信息。通道增强模块会输出一个与输入序列大小相同的序列，进一步进行变形操作后，使其与输入特征图的大小相匹配。此外，还会在通道增强模块的输出和输入之间建立一个残差结构，以进一步增强通道增强模块的特征表示。残差结构的最终输出将用作下一步空间增强模块的输入。

我们提出的方法的伪代码如下。

算法4-1　变换器增强模块的伪代码。

输入：一个给定的卷积层提取的特征图序列 F，维度为 $B \times C \times H \times W$，特征块分割尺寸为 $P \times P$，变换器中编码器的层数为 L。

输出：增强的特征图序列。

(1) 压平特征图序列 F 中每个通道为 $H \cdot W$ 维度，并得到维度为 $C \times (H \times W)$ 的特征块嵌入；

(2) 根据式（4-4）计算 z_l 并得到 z_L；

(3) 根据式（4-5）得到经通道增强模块增强后的特征图 AM_{CE}；

(4) 将 AM_{CE} 分割成大小为 $P \times P$ 的特征块序列并将其变形为压平的二维特征块，从而获得特征块嵌入；

(5) 根据式（4-7）计算 s_l，并得到 s_L；

(6) 根据式（4-8）获得空间增强模块增强后的特征图 AM_{SE}；

(7) 返回增强的特征图 AM_{SE}。

4.4.3 空间增强模块设计

通过分析原始视觉变换器对图像像素块（切片）的处理可以明显看出，其目标是学习像素块间的依赖性，这种依赖性从空间维度上的分割获得，所以视觉变换器在本质上是掌握了强大的空间依赖分析能力的。在这个基础上，本章引入了空间增强模块来针对人脸表情识别任务，旨在深化输入特征图在空间维度上的特征表示和解析能力，特别是在捕捉和理解面部表情的空间特性方面。空间增强模块在接收经过通道增强模块处理后的特征图时，不仅考虑了原始特征图，还关注了由通道增强模块引入的变化，即它处理的是这两者的残差信息，以此作为增强空间特征表达的基础。空间增强模块的核心是采用视觉变换器架构，这使得该模块能够深入学习输入特征图的空间结构和相关性，通过自注意力机制提升空间特征的表现力。具体来说，空间增强模块将特征图重新排列成空间序列，每个空间序列包含了特征图中一个区域的信息。通过这种方法，模块能够综合全局信息和局部信息，优化特征图的空间表征。通过这一处理，最终输出的特征图不仅在通道维度上得到增强，同时在空间维度上也实现了显著的特征增强，为后续的人脸表情识别提供了更为准确和细致的特征信息。这种空间增强模块的引入，旨在为人脸表情识别任务提供更全面、更深入的空间特征理解，助力提升模型在处理复杂、细腻的表情变化时的准确度和鲁棒性。

在空间增强模块的实现中，目标是深入挖掘和增强输入特征图在空间维度上的相关性和信息表达能力。为了达到这个目的，我们采取的方法是将输入特征图在空间维度上切分成若干个小的特征块，然后将这些特征块序列化后输入视觉变换器中进行处理。这一过程使得视觉变换器能够学习并增强特征块间的空间依赖性，进而提升整体特征图的表示能力。具体而言，空间增强模块的设计旨在利用视觉变换器强大的自注意力机制，对分割后的特征块进行深入分析，以学习各特征块间的相互作用和依赖关系。通过这种学习，模型能够识别并强化那些对于最终识别任务更为关键的空间区域和特征信息，同时抑制那些不相关或干扰性的信息。这样，空间增强后的特征图不仅在局部区域的表示更为精确，而且在整体上更为协调一致，有利于后续的分类决策。通过这样的空间增强机制，特征图在空间维度上的表征将变得更为细致和丰富，这有助于揭示人脸表情中的细微变化和重要特征，从而提高人脸表情识别的性能。此外，由于空间增强模块对特征图进行了细粒度的处理，所以它也有助于模型更好地理解和处理在实际应用中常见的遮挡、姿态变化等问题，进而提升模型在实际环境中的适用性和鲁棒性。

如图 4-3 所示，空间增强模块的结构与原始视觉变换器的结构类似，与通道增强模块的结构相同，也不使用变换器的后半部分。通过切割操作，特征图 M（$H' \times W' \times C'$）被分割为一系列 $P \times P$ 大小的特征块，然后重新变形并转化为扁平的二维特征块序列 $s_p \left[s_p \in R^{N \times (P^2 \cdot C')} \right]$，其中 N 是补丁的数量，也作为输入序列 SE 块的长度；大小为 $N \times (P^2 \cdot C')$ 的 s_0 作为空间特征块嵌入，其扩展形式如式（4-6）所示。

$$\begin{cases} s_0 = \left[s_p^1; s_p^2; \cdots; s_p^N \right] + S_{pos}, s_p^i \in \mathbb{R}^{p^2 \times C'} \\ i = 1, \cdots, N, S_{pos} \in \mathbb{R}^{N \times (P^2 \cdot C')} \end{cases} \tag{4-6}$$

空间增强模块的整体执行流程如下：

$$s_l = MHA\big(LN(s_{l-1})\big) + s_{l-1}, \, l = 1, \cdots, L \tag{4-7}$$

$$AM_{SE} = s_L + M, \tag{4-8}$$

式中，AM_{SE} 表示空间增强模块的输出；MHA 表示多头自注意力；LN 表示层标准化操作；l 表示变换器中编码器的层数；L 表示变换器中编码器的最后一层。

与通道增强模块一样，空间增强模块不使用可学习的类别标记，但添加了标准的可学习位置嵌入 S_{pos} [如式（4-3）所示]。所以，空间增强模块

将输出一系列 $P \times P$ 大小的特征块，进一步对这些特征块执行变形和转置操作，以形成与输入特征图形状相同的新特征图。此外，为了进一步增强空间增强模块输出的特征表示，在空间增强模块的输出和输入之间设计了相同的残差结构。由此，逐元加法运算的结果将作为整个空间增强模块的输出。

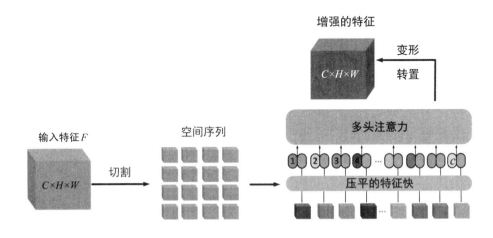

图4-3　空间增强块结构示意图

4.5　实验结果与分析

我们提出一种针对基于卷积神经网络的人脸表情识别模型提取的特征质量不够高而导致识别性能受限问题的解决方案。该方案针对现有人脸表情识别模型在特征提取质量上的局限性，通过引入视觉变换器架构，旨在增强模型对输入数据在通道和空间维度的理解深度，从而显著提高人脸表情特征的表征质量。这一策略通过在通道维度和空间维度分别引入特征增强模块，使得特征图经过细致的依赖关系学习后，能够更准确地反映人脸表情的细节变化，从而帮助卷积神经网络做出更精确的识别决策。在实验部分，我们选取了三个广泛使用的公开人脸表情数据集来验证所提出方法的有效性，并详细说明了评估过程中的实施细节。通过定量分析在这些数据集上的性能测试结果，并与当前几种先进的人脸表情识别方法进行比较，证实了我们提出方法的竞争力和优势。此外，我们还深入探讨了通过视觉变换器增强特征质量对最终识别准确率的正面影响，揭示了在复杂的人脸表情识别场景下，特征增强策略是如何有效提升卷积神经网络的判别能力和泛化性能的，进一步强调了特征增强在提升人脸表情识别技术中的重要作用和潜在价值。我们提出的变换器增强模块设计灵活，可轻松融入任意现有卷积神经网络架构中，以构建变换器增强的网络模型。如图4-4所示为变换器增强模块与残差块集成示意图。通过这个示例来展示如何将变换器增强模块集成到ResNet-18架构中。如图4-5所示为我们提出的人脸表情识别方法的执行流程。

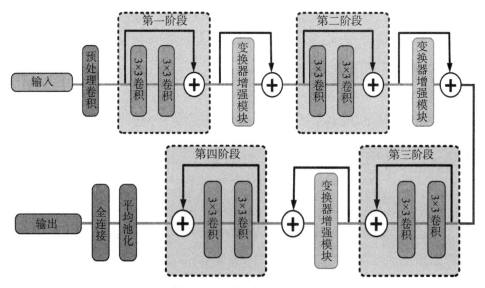

图4-4　变换器增强模块与残差块集成示意图

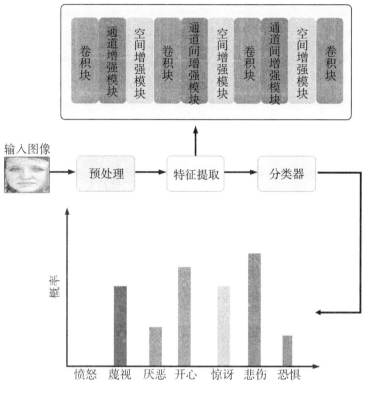

图4-5　人脸表情识别流程示意图

4.5.1　实验数据集

我们提出的人脸表情识别方法的训练和测试任务主要在 FERPlus 和 RAFDB 数据集上完成。

4.5.2 实验实施细节

在整个实验中，所有的模型均以224×224 ppi大小的人脸表情图像作为输入。为了在一定程度上减少过拟合对实验的影响，同时与大多数人脸表情识别方法保持一致，首先将输入图像采样到224×224 ppi大小，然后以0.5的概率执行水平翻转数据增强技术，最后将它们归一化到[−1，1]的范围。对于通道增强模块和空间增强模块中的多头自注意力，其头的数量设置为3，使用的变换器中编码器的层数为3。在训练模型时，采用Adam优化器和学习率衰减策略。批量大小为256，学习率从0.000 3开始，每35个轮次下降0.8，网络总的训练轮次为100。在默认情况下，ResNet-18在MS-Celeb-1M[100]人脸识别数据集上进行预训练。所有实验均使用Pytorch 1.7，并在具3.70 GHz的i7-8700KCPU和V100GPU（32G）的Ubuntu 18.04系统上进行操作。

在当前的研究热点中，ResNet-18架构因其卓越的性能和适应性而被广泛用作人脸表情识别任务的主干网络。基于ResNet-18架构，我们设计了一套增强的人脸表情识别网络，创新地在各个残差块之间嵌入了变换器增强模块，旨在充分利用变换器的优势来增强特征表达能力。考虑到ResNet-18中各残差块输出特征的形状各异，以及特征尺度的逐级变化，我们对每个变换器增强模块进行了精心的参数设置，以保证其能够与残差块的输出特征尺寸相匹配。正如图4-4所展示的网络架构，我们在网络的不同阶段集成了变换器增强模块，每个阶段都与ResNet-18中的一个特定残差块相对应。例如，在网络的第一阶段，特征图的尺寸为64×56×56，该阶段的变换器增强模块中通道增强模块需要处理长度为64的输入序列，以学习通道间的相互依赖。同时，对于空间增强模块的分割尺寸，如果分割尺寸太大，则分割块的数量会很少，这会导致空间增强模块仅学习几个特征块之间的空间依赖关系。因此，平衡分割尺寸和特征模块的数量非常重要。为了确保空间增强模块能够学习丰富的空间依赖性，选择4×4的分割尺寸以平衡特征块的分辨率与数量。在第二、三阶段，根据输出特征形状的变化，相应地调整输入序列长度及分割尺寸，确保变换器增强模块的学习效率和效果。在第四阶段，不采用变换器增强模块以保持高层特征的完整性。更多参数详细信息可以在表4-1中观察到。

表4-1　通道增强块和空间增强块的参数配置情况

阶段	输出维度	深度	自注意力头数	通道	分割尺寸
第一阶段	64×56×56	3	3	64	4
第二阶段	128×28×28	3	3	128	4
第三阶段	256×14×14	3	3	256	2

此外，值得注意的是，尽管使用了变换器增强模块，但并未采用完整的变换器架构，而是仅利用了其自注意力机制部分，省略了后续的多层感知器结构。这样的设计旨在提高训练速度和效率，同时实验证明，即便未使用完整的变换器结构，对模型精度的影响也是微小的，这样的策略不仅加快了训练过程，还有效减少了模型的复杂度，展示了一种在保证性能的同时提升效率的设计思路。

4.5.3　基础对比实验

本小节的基础实验是为了验证所提出人脸表情识别方法在处理不同人脸表情数据集时的性能和有效性。通过在三个公认的人脸表情数据集

（RAFDB基本表情、RAFDB复合表情、FERPlus）上进行细致的实验，展示了所提出的方法在不同表情类别上的识别准确率，并借助混淆矩阵详细揭示了识别结果的具体情况。混淆矩阵不仅提供了每个表情类别的识别准确率，还揭示了不同表情之间的误识别情况，这为理解模型在哪些表情上表现良好，在哪些表情上还存在改进空间提供了重要视角。通过对比混淆矩阵中的不同值，可以直观地看到模型在识别各个特定表情时的强项和弱项。例如，某些表情可能因为特征的相似性而容易被误识别为其他表情。此外，通过将所提出的方法在这些数据集上的性能与现有的一些先进方法进行比较，进一步验证了所提出方法的优越性和应用价值。这些实验结果为进一步优化模型和提升人脸表情识别的整体性能提供了有力的数据支持和深入的分析视角。通过这种方式，不仅能够验证所提出方法的有效性，还可以更全面地理解其在各个表情类别上的性能表现。

如图4-6所示为FERPlus数据集上八种表情类别的混淆矩阵。该混淆矩阵清晰地展现了我们提出的人脸表情识别方法在FERPlus数据集上的具体表现，揭示出该方法在处理广泛的情绪类别，如开心、平和与惊讶时具有显著的优势，对这些表情类别的识别准确率超过了90%，这说明该方法在捕捉不同情绪表达的核心特征上的强大能力。尽管如此，在蔑视、厌恶和恐惧这三种更为细微或较少见的表情类型上，其识别准确率相对较低，这可能指出了当前模型在处理某些特定表情类别时对样本分布敏感度高或者这些情绪表达在特征层面上的复杂性高。

如图4-7所示为RAFDB数据集上七种基本表情类别的混淆矩阵。在RAFDB数据集上的实验结果同样表明我们提出的方法在惊讶、开心、悲伤、愤怒和平和等基本表情类别上具有较高的识别准确性，这些表情类别的识别准确率在80%～96%之间，展现了我们提出方法在多样化情绪识别上的广泛适用性。然而，对于恐惧和厌恶这两种表情类别，其识别准确率明显下降至60%左右，这说明模型在区分某些具有相似表情特征或不常见表情特征时存在局限。

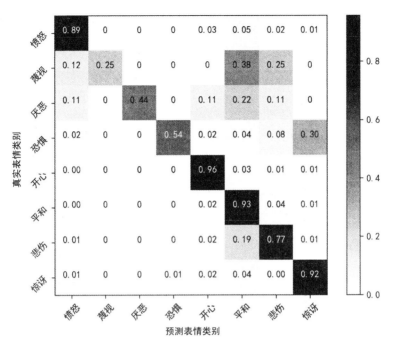

图4-6 FERPlus数据集上八种基本表情类别的混淆矩阵

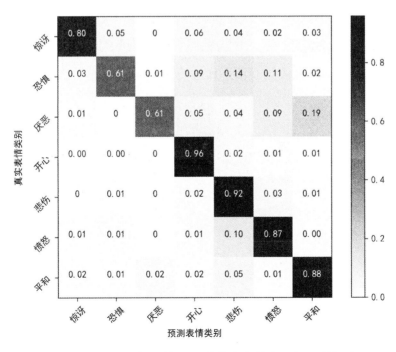

图4-7 RAFDB数据集上七种基本表情类别的混淆矩阵

　　我们提出的基于特征增强的人脸表情识别方法在挑战性较高RAFDA的复合人脸表情数据集上进一步接受了评估。RAFDA复合表情数据集的特点是表情复杂多变、难以区分，且常受数据集规模较小的限制，导致现有研究在此类数据集上的识别准确率通常低于单一表情识别任务的识别准确率。如图4-8所示为RAFDB数据集上十一种复合表情的混淆矩阵。我们提出的方法在面对复合表情时，识别性能有待提高，其中多个复合表情，如厌恶+惊讶、愤怒+厌恶、悲伤+恐惧的识别准确率不到60%。而对于某些复合表情，如开心+惊讶、愤怒+厌恶、悲伤+厌恶和恐惧+惊讶，识别准确率则超过了70%，这显示了对某些特定复合表情的识别相对容易。复合表情数据集面临的主要问题是数据量不足和类别不平衡，同时由于复合表情的构成更为复杂——通常由两种基本表情组合而成——这无疑增大了识别难度。进一步的分析表明，复合表情的识别不仅要求模型能够准确捕捉到单一表情的特征，还需要模型能够理解和区分由不同表情组合而成的复杂情绪状态，这就要求模型具备更高层次的特征抽象和理解能力。

　　如图4-9所示为应用所提出的方法对自然环境下的表情图片进行预测的结果。图中展示了几张人脸表情图像，每张图像上方的颜色条展示了模型预测的表情类别及其对应的置信度，而每张图像下方的颜色条则表示实际的表情类别标签。从结果中可以明显看出，所提出的方法对各种表情的识别不仅准确，而且对应的置信度都相当高，这表明该方法能够很可靠地正确识别不同的表情。这些实际照片的预测结果为我们提出的方法在自然环境中应用的有效性提供了直观证明，展示了其在处理自然环境中的复杂人脸表情识别任务时的潜力。

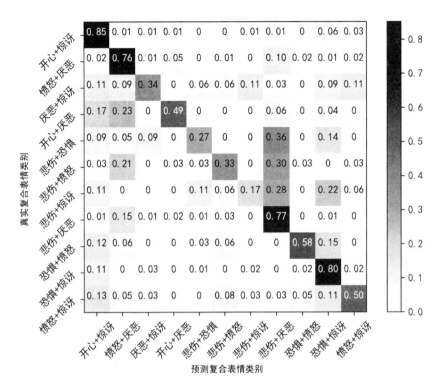

图4-8　RAFDB数据集上十一种复合表情类别的混淆矩阵

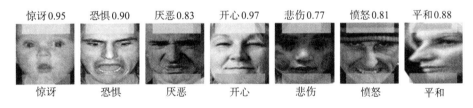

图4-9　面向特征增强的人脸表情识别方法应用于自然环境中的表情图像

　　为了深入分析人脸表情识别策略的机理，我们采用Grad-CAM[101]技术进行可视化分析。这一技术能够揭示在卷积神经网络做出特定表情分类决策时，哪些图像区域起了决定性作用。此分析手段有助于识别模型在预测过程中重点关注的人脸区域，进而验证所提策略的实际作用。我们将标准ResNet-18模型与融合了变换器增强模块的ResNet-18模型进行对比分析，以观察增强模块集成前后模型关注区域的变化。如图4-10所示为两种模型通过 Grad-CAM 技术的可视化结果。从图中可看出，在未集成变换器增强模块之前，ResNet-18 模型主要关注面部的关键区域，如脸颊、下颚和嘴巴。融合变换器增强模块后，虽然关注点依旧集中在这些关键区域，但是关注的范围更为精确。这一发现表明，集成变换器增强模块后的 ResNet-18 模型相较于原模型，能够更细致地定位和分析对表情识别至关重要的面部区域。这种变化说明，变换器增强模块确实在增强面部表情特征的表现力上发挥了作用，使得模型更专注于关键特征，从而有效提升了识别准确度。这些发现不仅验证了所提出方法的合理性和有效性，而且对推进人脸表情识别技术的研究和应用具有积极意义，为未来相关领域的研究提供了实验参考。

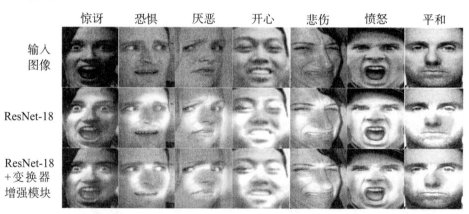

图4-10　热力图可视化

4.5.4　消融实验

本小节通过在 RAFDB 基本表情数据集上的消融实验，深入探讨多头自注意力机制的数量和变换器模型的深度对人脸表情识别性能的影响。实验通过不同配置的变换器模型来探讨其内部结构参数如自注意力头数和模型深度，对识别准确度的具体作用。实验结果揭示了这些关键参数对模型识别能力的具体贡献，展现了不同参数设置下模型性能的变化情况，从而为理解模型内部机制提供了实证基础。例如，通过增加变换器的层数，模型能够学习更加复杂和抽象的特征表示，而调整多头自注意力的数量则能够影响模型捕捉不同表情特征间复杂关系的能力。实验不仅比较了在不同深度和头数设置下模型的性能差异，还探索了这些变量是如何共同作用来影响最终的识别效果的。此外，通过细致的参数调整和系统的性能评估，实验结果有助于揭示优化变换器模型结构对提升人脸表情识别任务的精确度的潜在路径。这些发现强调了在实际应用变换器模型前，对其深度和自注意力机制进行细致调优的重要性，以确保模型能够充分发挥其在复杂人脸表情识别任务中的潜力。

1. 不同数量的自注意力机制评估

本小节的实验通过对自注意力机制头数的细致调整，旨在揭示头数对人脸表情识别模型性能的具体影响。在初始设置时，将通道增强模块和空间增强模块的自注意力头数定为1，随后逐步增加头数，以观察模型识别准确率的相应变化。实验结果见表4-2。

表4-2 多头注意力头数与模型性能之间的关系

头数	识别准确率/%
1	88.53
2	89.00
3	89.41
4	89.41
5	89.25
6	89.11

随着自注意力头数的增加，模型性能呈现先升后稳的趋势。具体来说，当自注意力头数增至3时，模型达到最佳性能，而头数继续增加，性

能改善得不再明显，甚至不再变化。这一现象说明，在自注意力机制方面，适度增加头数能够有效提升模型的学习能力和对特征捕捉的精细度，但超过某一临界点后，增加头数将不再带来性能的提升。因此，选择合适的头数对优化模型的性能至关重要。本实验确定的3个头数作为自注意力机制的配置为人脸表情识别任务提供了一个较好的实践参考。此外，该实验结果也强调了在自注意力机制的应用中，需平衡模型复杂性与性能增益，确保有效而经济地利用模型资源以达到最优的识别效果。

2. 不同深度的变换器评估

本小节的实验还评估了变换器的不同深度对人脸表情识别模型性能的影响。实验明确探究了不同深度的变换器对识别精度的具体影响。通过在通道增强模块和空间增强模块内部逐步增加变换器层数，观察到模型性能与变换器深度之间的关系呈现特定的趋势。实验结果见表4-3。

表4-3 变换器深度与模型性能之间的关系

深度	识别准确率/%
1	88.80
2	89.16
3	89.41
4	89.41
5	89.30
6	89.25

当变换器层数达到3层时，人脸表情识别模型展现出最佳性能，这一现象可能归因于此时模型能够充分利用深度学习的优势，捕获更为复杂和细腻的特征信息，进而有效提升识别准确率。当变换器深度小于3时，模型精度下降0.25%～0.61%。然而，当进一步增加变换器层数，即变换器层数超过3层时，模型性能并未如预期般继续提升，反而微弱下滑或停滞。

这可能是由于模型过深引致的过拟合或优化困难，增加了模型的训练负担及计算资源消耗。此外，过深的模型可能导致梯度消失或爆炸问题，影响训练的稳定性和模型的最终性能。因此，选取适宜的变换器深度对构建高效且准确的人脸表情识别模型非常关键。此外，合理配置变换器层数不仅有助于提升模型性能，还能够在控制模型复杂度和计算成本的前提下，实现资源的有效利用。

实验结果揭示了一个关键发现：自注意力头数和变换器深度调整至3层时，人脸表情识别模型表现出最优效果。这一发现强调了在设计基于注意力机制的模型时，超参数（即自注意力头数和变换器深度）的精细调整对于实现最佳性能的重要性。过多的自注意力头数虽然理论上能够提供更细致的特征学习能力，但在实际应用中可能导致过拟合、训练效率降低的问题，甚至使模型性能下降。类似地，变换器的过深层次也可能引入不必要的复杂性，增加模型的训练难度和资源消耗，而不一定能带来性能上的提升。因此，找到自注意力头数和变换器深度的最优值是确保模型既能有效捕获关键特征，又能保持较高计算效率的关键。在本研究中，通过细致的实验探索，确定了头数和深度均为3的最佳配置。这一配置不仅促进了模型在各类表情上的识别准确率，同时也确保了模型的可训练性与计算高效性。此外，这一结论对未来基于注意力机制的模型设计提供了有价值的参考，指导研究者在追求模型性能优化的同时，也要考虑模型的计算成本和实际应用的可行性。

3. 变换器增强模块评估

本小节还进一步评估了所提出的增强模块在多种网络架构中的应用效果，涉及的网络包括ResNet-18、VGG-16和AlexNet。通过将该增强模块融入这些已经被广泛认可的网络结构，探索其提升不同网络架构下人脸表情识别任务准确率的有效性。在具体实验操作中，首先将变换器增强模块融合到对应网络，随后逐步移除通道增强模块和空间增强模块，以分离并识别各个模块对模型性能提升的具体贡献。此类实验设置有助于揭示增强模块是如何细致影响各网络在细粒度的人脸表情分类上的表现，并进一步分析其对模型整体参数量和计算需求的影响。期望通过这些详细的实验和对比分析，得到增强模块在提升模型精度方面的具体效果，同时了解其对计算资源消耗的实际影响。这些分析结果将为理解增强模块在不同架构下的适应性和有效性提供一定参考，为后续在更广泛的任务和领域内应用此类增强技术提供可靠的经验。此外，详细的参数量和运算量分析将有助于评估模型在实际部署时的经济性和实用性，为模型选择和优化提供实验参考。

本实验先选择 ResNet-18 作为基础网络框架来评估所提出的变换器增强模块的有效性。实验结果见表4-4。

表4-4　我们提出的增强模块与不同神经网络的结合在 RAFDB 数据集上的
多个评估指标对比

序号	通道增强模块	空间增强模块	变换器增强模块	主干网络	准确率/%	参数量/M	浮点运算数/M
1	×	×	×	ResNet-18[43]	86.38	11.18	1 818.56
2	×	×	×	VGG-16[41]	85.40	138.36	15 500
3	×	×	×	AlexNet[6]	83.21	61.10	715.54
4	√	×	×	ResNet-18[43]	88.61	32.68	>6 031.06
5	√	×	×	VGG-16[41]	86.67	159.86	>19 712.5
6	√	×	×	AlexNet[40]	84.26	82.6	>4 928.04
7	×	√	×	ResNet-18[43]	89.02	32.68	>6 031.06
8	×	√	×	VGG-16[41]	87.10	159.86	>19 712.5
9	×	√	×	AlexNet[40]	85.14	82.6	4 928.04
10	×	×	√	ResNet-18[43]	89.41	49.65	>10 243.56
11	×	×	√	VGG-16[41]	87.39	181.36	>23 925
12	×	×	√	AlexNet[40]	85.72	104.1	>9 140.54

通过将变换器增强模块融入 ResNet-18，该模型在 RAFDB 基本表情数据集上实现了 89.41% 的准确率，表明该增强模块显著提升了模型性能。当从增强模块中去除通道增强模块时，模型的准确率有所下降，下降幅度约为 0.39%。若仅移除空间增强模块，模型性能下降 0.8%。这些数据显示，通道增强模块和空间增强模块均对模型性能产生了正影响。在单独应用的情况下，通道增强模块能够使模型性能提升 2.23%，而空间增强模块则能实现 2.64% 的性能提升，这表明空间增强模块相比通道增强模块对模型性能的提升更为显著。当两者联合应用时，模型的性能提升幅度达到 3.03%。此外，尽管引入增强模块带来了额外的参数和计算成本，但其对模型整体复杂度的影响并不显著，从而证明了变换器增强模块不仅能有效提升卷积神经网络在人脸表情识别任务中的准确率。同时也保持了模型的计算效率，这些发现充分证实了变换器增强模块在提升人脸表情识别性能方面的重要价值和应用潜力。

为了进一步验证我们所提出方法的通用性及其在不同网络架构上的有效性，本小节特别将增强模块应用于 VGG-16 和 AlexNet 两种经典的网络模型。根据表 4-4 中数据，当所提出的增强模块融入 VGG-16 和 AlexNet 模型时，这两个模型在 RAFDB 基本表情数据集上均展现出了优于原模型的性能。具体而言，VGG-16 模型通过分别集成通道增强模块、空间增强模块以及变换器增强模块后，在 RAFDB 数据集上的性能分别提高了 1.27%、1.7% 和 1.99%。而对于 AlexNet，增强后的模型在相同数据集上的性能分别提升 1.05%、1.93% 和 2.51%。这些结果充分展示了变换器增强模块在提升不同网络架构下人脸表情识别准确率的有效性。通过在 VGG-16 和 AlexNet 中融合所提出的增强模块，不仅证明了该模块在多种网络结构中的适应性和有效性，也进一步强调了该模块对提升现有人脸表情识别模型性能的实际价值。

考虑到我们提出的变换器增强模块中两个增强模块的放置位置可能会导致模型性能发生变化，因此，本节继续对通道增强模块和空间增强模块的三种不同排列方式进行了比较，包括两个增强模块的并行使用、顺序排列为先空间增强模块后通道增强模块以及先通道增强模块后空间增强模块的排列方式。此外，还探究了两个增强模块并行执行后输出求和的效果。实验结果见表4-5。

表4-5　变换器增强模块中通道增强模块与空间增强模块的位置顺序对模型性能的影响

方法	识别准确率/%
ResNet-18+CE+SE	89.41
ResNet-18+SE+CE	89.07
ResNet-18+CE+SE（无残差）	89.18
ResNet-18+CE+SE（并行）	88.98

从表4-5的结果可以观察到，相比并行放置，两个增强模块的顺序放置能够获得更优的性能。具体而言，先通道增强模块后空间增强模块的布局在性能上略优于先空间增强模块后通道增强模块的布局。值得注意的是，所有这些排列方法的效果均优于单独使用任一增强模块。这表明适当的排列方式对最大化模型性能至关重要。除此之外，本实验还进行了无残差连接的测试。结果显示，无残差连接的变换器增强模块在RAFDB基本表情数据集上的识别准确率为89.18%，低于带有残差连接的变换器增强模块（识别准确率为89.41%）。这一发现表明，在人脸表情识别任务中，将原始特征与增强特征相结合可能是更优的选择。

4.5.5　对比实验

本小节的实验主要是通过与现有先进的人脸表情识别方法在自然环境下的图像上的性能表现的对比，来验证我们提出的面向特征增强的人脸表情识别方法的有效性。具体来说，实验在 RAFDB 基本表情、FERPlus、RAFDB 复合表情三个数据集上分别将所提出的方法与几种先进方法进行比较。这些数据集涵盖了从基本到复杂的多种人脸表情识别场景，为评估提供了全面的测试基础。选取的几种先进方法已经在人脸表情识别领域显示出卓越的性能，例如人脸表情识别模型 RAN[46]、DLP-CNN[84]、SCN[67]、ResNet-18[43]等。实验设计关注每种方法在不同环境下的识别准确率。以准确率作为主要评价标准，确保了评估的全面性和客观性。

表4-6为我们提出的方法在 FERPlus 数据集上与先进方法进行比较的结果。从表4-6中的结果可以看出，我们提出的方法取得了最好的识别性能，比当前先进的人脸表情识别方法更具有竞争力。

表4-6 我们提出的方法在FERPlus数据集上与先进方法的识别准确率对比

序号	方法	识别准确率/%
1	PLD[34]	85.1
2	ResNet-18+VGG-16[85]	87.4
3	LDR[57]	87.6
4	RAN[46]	88.55
5	SCN[67]	88.01
6	DMUE[102]	88.64
7	FaceChannel[68]	87.50
8	KTN[71]	90.49
9	EAC[86]	89.64
10	ResNet-18[43]	88.17
11	Ours(ResNet-18+TBEM)	90.57

表4-7为我们提出的方法在RAFDB基本表情数据集上与先进方法进行比较的结果。我们提出的方法取得了良好的结果，识别准确率达到89.41%，比排名第三的EAC方法高0.52%，但略逊于最新的工作AR-TE-CATFFNet[103]（89.50%）。

表4-7 我们提出的方法在RAFDB基本表情数据集上与先进方法的识别准确率对比

序号	方法	识别准确率/%	参数量/M	浮点运算数/M
1	DLP-CNN[84]	84.22	74.96	523.36
2	IPA2LT[86]	86.77	>23.52	>4 109.48
3	gaCNN[53]	85.07	>134.29	>1 547 979
4	RAN[46]	86.90	11.19	14 548.45
5	SCN[67]	87.03	11.18	1 818.56
6	DACL[30]	87.78	103.04	1 910
7	EfficientFace[104]	88.36	1.28	154.18
8	DMUE[102]	88.76	78.36	1 818.56
9	ResNet-18[43]	86.38	11.18	1 818.56
10	VTFF[99]	88.14	51.8	—
11	AR-TE-CATFFNet[103]	89.50	—	—
12	FER-VT[98]	88.26	—	—
13	EAC[79]	88.89	11.18	1 818.56
14	Ours(ResNet-18+TBEM)	89.41	27	3 186.21

注：表中符号">"表示其后数值为下限值。

表4-8为我们提出的方法在RAFDB复合人脸表情数据集上与先进主法进行比较的结果。我们提出的方法的识别准确率达到了68.43%，优于现有的先进方法。

表4-8 我们提出的方法在RAFDB复合表情数据集上与先进方法的识别准确率对比

序号	方法	识别准确率/%
1	DLP-CNN[84]	57.95
2	ResNet-18+Ls(baseline)[58]	56.94
3	ResNet-18+Ls+Lsep[58]	58.84
4	ResNet-50+DSAE+Softmax[105]	66.97
5	ResNet-18[43]	66.20
6	Ours(ResNet-18+TBEM)	68.43

上述实验结果表明，我们提出的面向特征增强的人脸表情识别方法在三个数据集上都取得了有竞争力的结果，这有力地证明了所提出的方法在人脸表情识别任务上的有效性。

　　此外，鉴于我们提出的人脸表情识别方法是在视觉变换器架构的基础上改进的，因此，本小节还将所提出的方法与其他基于变换器的人脸表情识别方法进行比较。我们提出的变换器增强模块架构简单，可以直接嵌入一些常见的卷积神经网络中，而这些基于变换器的人脸表情识别方法基本上包含了原始视觉变换器架构的全部或部分（它们通常包括多层变换器）。此外，它们都在ImageNet等大型数据集上进行了预训练。遗憾的是，这些研究成果都没有开源，因此无法在速度或参数数量上与它们比较，只能将我们提出的方法与论文中给出的结果进行比较。由表4-7可知，我们提出的方法在识别准确率方面略优于基于变换器的方法。例如，FER-VT[98]与VTFF[99]在RAFDB上的识别准确率分别为88.26%和88.14%，而我们提出的方法为89.41%。此外，我们提出的方法在模型参数方面也具有竞争力，它仅使用了变换器的一部分，并且仅仅将少量变换器增强块嵌入卷积神经网络中。从这些角度来看，所提出的方法非常有潜力用于人脸表情识别任务。这些基于变换器的方法很好地展示了变换器应用于人脸表情识别任务的好处。

　　本小节的实验也进一步将我们提出的方法与在RAFDB基本表情数据集上表现较好的几种方法进行了对比，关注它们在计算开销方面的差异。由于之前的大多数人脸表情识别研究工作没有关注计算开销，所以这些方法没有提供计算复杂度的度量。我们对这些方法进行了不同程度的复现，例如，根据EfficientFace[104]和其公开代码实现，并使用相同的设置计算了参数量和浮点数。对于IPA2LT[66]和gaCNN[53]方法，仅提供下限值。从表4-7可以看出，所提出的方法在参数量或浮点运算数方面略高于当前的先进方法，但比两种基于变换器的方法有一定的优势，也比基于卷积神经网络的人脸表情识别方法有优势。虽然在引入变换器架构之后，我们提出的方法在参数量和浮点运算数上比一般的卷积神经网络方法要高，但在某些情况下，为了提高精度，稍微高一点的计算复杂度是可以接受的。随着硬件条件的发展，计算复杂度的影响可以在一定程度上被减弱，因此所提出的方法是计算复杂度和精度之间的一种可以接受的权衡。此外，最近的一些研究工作开始对变换器进行剪枝以使变换器更加轻量化，由此可以有机会应用这些成果来优化我们提出的方法。

本小节还将所提出的方法与其他纯变换器的网络在三个人脸表情数据集上进行了比较，结果见表4-9。例如ViT[89]和SwinTransformer[106]都是基于纯变换器架构改进的网络，已经在多个计算机视觉上表现出了出色的竞争力。它们的实现都是基于原始论文中给定的参数。实验结果显示，与ViT和SwinTransformer相比，我们提出的方法在RAFDB基本表情、RAFDB复合表情、FERPlus三个数据集上都取得了更好的性能。由此可以得出，与纯变换器架构相比，卷积神经网络和变换器架构相结合组成的新架构，其性能更强，更适合于人脸表情识别任务。

表4-9　我们提出的方法与基于变换器的方法在三个人脸表情数据集上的识别准确率对比

序号	方法	识别准确率/%		
		RAFDB基本表情	RAFDB复合表情	FERPlus
1	ViT[89]	85.53	62.37	87.69
2	Swin Transformer[106]	85.95	63.02	87.28
3	Ours(ResNet-18+TBEM)	89.41	68.43	90.57

本小节还将我们提出的变换器增强模块与传统的卷积神经网络注意力机制（即SENet[93]和CBAM[94]）在RATDB数据集上进行了比较，结果见表4-10。该实验旨在展示不同网络架构应用这些常见注意力机制及我们提出的增强模块后的性能变化。从表4-10中可以观察到，SENet和CBAM这两种注意力机制确实能够在一定程度上提升主干网络的识别性能，这证明了注意力机制在增强常规卷积神经网络性能方面的有效性。同时，我们提出的增强模块也在进一步提升卷积神经网络的性能方面展现出更佳的效果。这种现象可能是由于变换器架构在捕捉全局长程依赖关系方面的优势，而

传统卷积注意力机制则更擅长处理局部信息。这一发现揭示了不同类型的注意力机制在提升深度学习模型性能方面的独特作用和优势。

表4-10　变换器增强模块与常规注意力机制在RAFDB数据集上的识别准确率对比

注意力机制			主干网络	识别准确率/%
SENet[93]	CBAM[94]	TBEM		
×	×	×	ResNet-18[43]	86.38
×	×	×	VGG-16[41]	85.40
×	×	×	AlexNet[40]	83.21
√	×	×	ResNet-18[43]	86.80
√	×	×	VGG-16[41]	85.72
√	×	×	AlexNet[40]	83.96
×	√	×	ResNet-18[43]	87.55
×	√	×	VGG-16[41]	86.73
×	√	×	AlexNet[40]	84.58
×	×	√	ResNet-18[43]	89.41
×	×	√	VGG-16[41]	87.39
×	×	√	AlexNet[40]	85.72

4.6　本章小结

　　本章关注通过特征强化手段提升人脸表情识别模型在复杂和低质量图像上的稳定性。为此，提出了一种结合视觉变换器的特征增强方法，该方法通过在通道和空间两个维度上应用变换器，有效增强了卷积神经网络的特征表示能力。这种方法不仅提升了特征的质量，而且增强了人脸表情识别的准确性和鲁棒性。

在具体实施中，将通道增强块和空间增强块集成到卷积神经网络的核心部分，利用这些模块对特征信息进行提取和强化。该方法在多种网络架构（如ResNet-18、VGG-16和AlexNet）上进行了验证，并通过消融实验及与其他先进方法的对比实验，展现了其在多种条件和场景下的优越性能。特别地，该方法通过视觉变换器结构在卷积网络的关键节点处强化特征，包括通道增强块和空间增强块的设计和应用。这两种块通过学习特征图中的通道依赖关系和空间依赖关系，分别对原始输入特征图进行通道和空间上的增强。实验表明，这种特征增强方法在处理低分辨率和多样化环境下的人脸表情时，展现出显著的性能提升。综合来看，本章的研究工作在理论上提出并实践了一种创新的特征增强方法，不仅在实际应用中证明了其有效性，而且为进一步提高人脸表情识别的稳健性和准确性提供了新的视角和途径。

在本章中，变换器被视作一种增强模块，而非像大多数方法那样简单地用作分类网络。我们提出的变换器增强模块旨在增强面部表情识别任务的特点表征能力。通过在多个人脸表情数据集上进行的性能评估，证明了我们所提方法的有效性。我们还将变换器增强模块与几个传统的卷积神经网络（如ResNet-18、VGG-16、AlexNet）结合，展现了所提出的方法在改进人脸表情识别任务原始卷积神经网络方面的潜力。在RAFDB和FERPlus数据集上的交叉验证实验进一步证明了所提方法的泛化能力。对变换器的评估实验显示，所提出的方法在特定参数配置下能够达到最佳性能。通过可视化实验，揭示了所提出的方法专注于更细小、更具体的区域，这表明与ResNet-18相比，所提出的方法能更好地集成到主干网络中。与先进方法的对比实验也证实了我们提出方法的竞争力。此外，通过消融实验，本研究工作展示了所提出的模块各部分的贡献。研究发现，通道增强块和空间增强块均有效地提升了模型性能，且二者联合使用时能最大化地提升性能。特别地，通道增强块和空间增强块的放置顺序对最终性能也有显著影响，其中通道增强块先于空间增强块的策略表现最佳。

性能评估结果表明，所提出的特征增强方法在RAFDB基本表情、FERPlus和RAFDB复合表情数据集上均展现出了优越的性能。将变换器增强模块集成到传统的卷积神经网络中可以显著地提升对人脸表情的识别性能。具体来说，在不同的人脸表情识别任务中，准确率平均提高了2.64%到3.03%。在FERPlus数据集上，所提出的方法的准确率达到90.57%，在RAFDB基础表情数据集上为89.41%，而在RAFDB复合表情数据集上为68.43%。

本章的实验结果验证了变换器增强模块在提升自然环境下人脸表情识别的鲁棒性和准确性方面的效果。需要指出的是，我们提出的方法并非绝对最优。从前期实验中可以明显看出，所提出的方法的参数量和浮点运算数略高于当前先进的人脸表情识别方法，且在处理某些困难样本时存在不足。此外，本研究对自然干扰因素，如低照明和低分辨率条件的研究还欠缺，后续仍需深入研究。

 **第五章**

面向低光照图像的联合学习人脸表情识别方法

　　针对人脸表情识别模型在自然环境下识别性能不够高的问题，在第三章和第四章中给出了两种不同的改进方案，这在一定程度上有效地改善了人脸表情识别模型在自然环境下的实用性和稳定性。然而，第三章和第四章中提出的两种方法仅仅从改进网络架构的层面，或者说从提升特征质量的角度去缓解人脸表情识别模型性能下降的困扰。但是在实际应用场景中，可能会遇到低光、低分辨率等复杂场景中捕获的更具挑战性的图像。如果在这些场景下应用前面提出的方法，它们的性能将会大打折扣。因为这些方法很难从这些具有挑战性的图像中提取到足够有用的鉴别性特征，所以无法准确识别表情的实际类别。因此，人脸表情识别方法不应该局限于算法或者网络架构层面的改进，更应该考虑到实际应用中可能出现的挑战性因素，从而将所提出的方法应用到更加广泛的实际场景。

　　为了探索人脸表情识别方法在挑战性环境下的表现情况，本书将进一步研究低光下人脸表情识别与低分辨率下人脸表情识别方法，以此来缓解低光和低分辨率两种挑战性因素导致的人脸表情识别模型精度较低的问题。针对当前的人脸表情识别方法在受约束的低光和低分辨率场景下展现出了的性能退化现状提出了特定的优化和改进策略。本章主要研究低光环境下的人脸表情识别方法，针对人脸表情识别模型在光照不足，尤其是低光环境下无法有效捕捉用于识别的鉴别性特征，导致其识别精度显著降低的问题，提出了一种联合低光增强算法的人脸表情识别方法，使得人脸表情识别模型能够在增强后的表情图像上捕捉到更多的鉴别性特征，从而提高人脸表情识别模型在面对弱光、低光等表情图像时的识别精度。

5.1 引言

在深度学习技术飞速发展的背景下，人脸表情识别技术取得了长足的进步，EfficientFace和DMUE等算法在提升识别精度和处理速度上做出了显著贡献。同时，数据集的不断丰富和完善，也极大地推动了该领域的研究。尽管如此，现有的人脸表情识别技术在处理低光环境下的图像时仍面临诸多挑战。低光环境下图像的视觉质量会降低，如纹理模糊和光照不足，这些问题不仅会影响图像的视觉效果，还会降低人脸表情识别的准确性，尤其是在需要高度精确的应用场景中，如夜间自动驾驶和城市监控等。在低光环境下，人脸表情图像质量的显著下降导致传统的人脸表情识别方法的性能显著降低，这主要是因为低光环境下图像的信息损失，特别是对表情细节的捕捉尤为关键。因此，研究一种能够有效提升低光环境下人脸表情识别性能的方法尤为重要。这种方法需要能够适应不同光照条件，通过增强图像质量或改进特征提取算法，以确保即使在光照不足的情况下也能准确识别出人脸表情特征。

一般来说，通过在正常光人脸表情数据集上预训练的人脸表情识别模型，或者使用训练好的低光图像增强模型来提升低光人脸表情图像的质量，都可以在一定程度上解决因低光环境而人脸表情识别方法性能下降的难题。实际上，前者并没有从根本上解决低光下人脸表情识别精度低的问题，只是从训练策略的角度实现了一定的改进，可能会在一定程度上造成训练资源的浪费。而后者虽然提高了人脸表情图像的视觉效果，但对于人脸表情识别任务来说可能并不适合。因为它是独立于人脸表情识别任务进行训练的，无法从人脸表情识别任务中获取有用信息（例如语义信息等），只能恢复一定视觉效果和亮度信息。此外，当前许多流行的低光图像增强方法仅使用恢复图像和参考图像之间的像素级误差来训练模型。然而，重要的图像细节有时会丢失，这会造成一定程度的图像质量下降；同时也忽略了高层视觉任务（例如人脸表情识别、目标检测、图像分割等）所需的语义信息，导致恢复的图像无法有效地服务于高层视觉任务。由此，探索低光人脸表情图像增强任务与人脸表情识别任务之间的交互是一项有意义的工作。为了解决上述问题，将低光图像增强与人脸表情识别任务结合起来可能是一个合适的解决方案。

5.2 相关研究工作

低光图像增强作为底层视觉任务的重要组成部分，主要解决光照不足图像的低对比度、低亮度、伪影和噪声问题，同时提高视觉质量。由于卷积神经网络在许多计算机视觉任务中取得了令人印象深刻的结果，基于卷积神经网络的低光图像增强方法逐渐成为主流。其中Li等人[107]提出了一种新的单图像增亮算法，可以在低光照条件下以较小的曝光时间和感光度捕获图像。值得一提的是，它还可以应用于白天拍摄的高动态范围场景中的暗物体。紧接着，Li等人[108]提出了一种新的多尺度曝光融合算法，将不同曝光的低动态范围图像结合起来，以实现适合高动态范围场景的图像增强。随后，为了让在逆光或弱光条件下拍摄的较暗的图像能够变得更亮，

Zheng 等人[109]引入单图像增亮算法解决了该问题。Ren 等人[110]提出了一种可训练的混合网络，它使用基于循环神经网络架构的网络来描述边缘细节。随着生成对抗技术的革新，Kim 等人[111]进一步引入了对抗性学习来捕获传统指标之外的视觉属性，从而实现了更好的视觉效果。此外，Jiang 等人[112]使用生成对抗网络将低光图像增强视为域迁移学习任务，并引入不成对学习来训练低光图像增强模型，进一步为低光图像增强方法提供了新的视角。

通过采用上述低光增强算法确实可以获得视觉上令人满意的增强图像，用这样的增强图像进行人脸表情识别任务也确实有机会缓解其在低光环境下精度低的问题。事实上，除了上述脱离于高层视觉任务（如人脸表情识别）而独立进行的类似于低光图像增强的底层视觉任务外，也有一些研究者考虑了将高层视觉任务与低级视觉任务联合训练，例如低分辨率下的目标检测、语义分割指导下的图像融合、低分辨率下的细粒度图像分类等。其中，Yu 等人[113]通过级联 rPPGNet 和 STVEN 网络来进行联合训练，以提高远程光电容积脉搏波网络的性能。而 Haris 等人[114]则探索了图像超分辨率对低分辨率图像中的目标检测任务的影响，他们将传统的检测损失整合到一个新的神经网络训练框架的训练目标中，并验证这种任务驱动的超分辨率在各种条件下一致且显著地提高了低分辨率图像上的目标检测器的准确性。进一步地，在图像融合领域，Tang 等人[115]提出 SeAFusion 来实现红外和可见光图像的实时融合，引入语义损失以提高融合结果对高层视觉任务的促进作用。此外，他们还提出了一种专门针对低层和高层视觉模型的联合自适应训练策略。在细粒度图像分类领域，Yan 等人[116]设计了语义关系蒸馏损失（SRD-loss），并结合任务分类损失来联合优化网络以进行低分辨率细粒度图像分类。该工作极大地解决了细粒度图像分类在低分辨率下的挑战。总的来说，这些方法通过将高层视觉任务与低层视觉任务级联，有效地促进了这两个任务的优化。这些研究的探索为本章在联合训练高层视觉任务与底层视觉任务方面提供了有价值的参考和启示。

5.3 现有研究存在的问题

当前相当多的研究者对低光图像增强算法进行了深入研究，且取得了很多出色的成果，尤其是卷积神经网络在低光图像增强中的应用。但在研究新颖且适合于低光人脸表情图像的增强算法方面所做的工作很少。另外，最近许多研究者也逐渐尝试将低光增强类似的底层视觉引入高层视觉任务。具体来说，在进行高层视觉任务之前，他们会先采用最先进的或者最合适的底层视觉算法来增强退化的图像数据，然后将增强后的图像数据传给高层视觉模型。这些研究也确实帮助退化环境下的高层视觉任务的性能有了提升，但是这样的做法依旧存在以下问题。

（1）到目前为止，基于自然环境下的图像的低光增强算法大多数是基于像素级损失来重建或者恢复光照强度的，由类似方法训练出来的低光增强模型可能并不适合，因为像素级重建不一定适合于人脸表情识别类似高层视觉任务的目标，即恢复的像素信息不一定是高层视觉任务所需的，甚至可能生成不利于高层视觉任务的背景等无用信息。

（2）虽然先低光增强后进行人脸表情识别任务的方案确实有效，但所采用低光图像增强模型大多是事先训练好的，或者是脱离于人脸表情识别任务而单独训练的，这就导致低光图像增强模型无法接受高层视觉任务的指导（监督），从而无法接收到用于识别的语义信息，而低光图像增强模型也不知道恢复的图像是否满足识别任务的需要。

5.4 方法设计

　　针对低光环境下人脸表情图像的增强与识别问题，先提出了一种适应低光条件的图像增强网络（LLIENet）。该增强网络在恢复图像的颜色和亮度信息的同时，有效地保留了人脸表情识别所需的语义细节。其次，为了解决传统低光图像增强方法在保留表情识别所需语义信息方面的不足，本章构建了一种创新的联合学习策略。此策略使低光图像增强模型在训练过程中得到人脸表情识别模型的指导，从而更有效地恢复含有丰富高级语义信息的人脸表情图像。总的来说，在本章的工作中，设计了一个结合ResNet[43]和ConvNeXt[117]架构的低光图像增强网络，旨在恢复低光环境中的人脸表情图像的视觉质量。为了弥补先前方法中人脸表情识别任务对低光增强任务的引导作用被忽视的问题，本章构建了低光图像增强模型和人脸表情识别模型的级联架构（LL-FER），以端到端的方式处理低光条件下的人脸表情识别任务，并引入高层视觉损失到低光图像增强网络，以帮助其恢复对后续识别任务关键的高层语义信息。本章将结合具体的低光图像增强模型和人脸表情识别模型，详细地介绍所提出的基于联合学习的低光人脸表情下采样模块、上采样模块和重建模块识别架构。在介绍本章方法时，将首先介绍所设计的低光图像增强网络模型的实现，然后介绍如何将该网络与现有代表性的人脸表情识别模型进行结合，展示我们提出的方法是如何提高低光环境下的人脸表情识别模型性能的。

5.4.1 低光图像增强网络

　　我们在本章提出的低光图像增强网络主要用于将输入的低光图像增强

后输出，这些增强后的图像被直接用于人脸表情识别任务。人脸表情识别的结果会实时反馈给低光增强网络，实现低光增强与表情识别任务的联合学习。该低光图像增强网络的设计考虑了特征提取、特征增强（包括注意力机制及高-底层特征融合机制）等方面的改进，其主要组成部分包括下采样模块、上采样模块和重建模块，如图5-1所示。

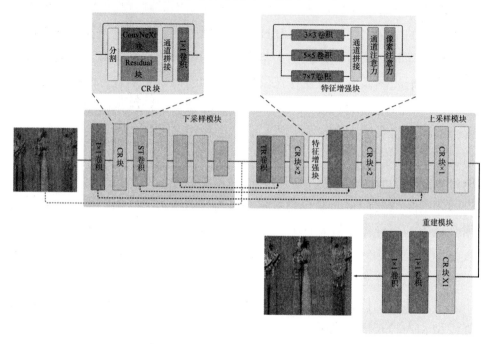

图5-1 低光图像增强网络架构图

低光图像增强网络通过一系列精心设计的模块来提升图像质量，并为后续的人脸表情识别任务奠定坚实的基础。在该网络中，首先是下采样模块，用于降低图像在低光条件下的特征维度。这一步骤不仅有助于突出图像中的关键特征，还有利于降低后续处理的计算负担。通过这样的处理，保留了关键信息，同时去除了部分不必要的细节，为特征提取过程打下基础。随后，上采样模块逐渐恢复这些特征的维度，同时尽可能地重建图像的亮度水平，确保图像细节的完整性得以保持。在图像重建模块，经过上采样的特征将被进一步处理，以生成视觉上更加清晰和明亮的增强图像。此步骤的关键在于细致恢复图像质量，确保低光图像的内容清晰可辨。这一整个过程的目标是产生质量更高的图像，以便更准确地识别人脸表情，尤其是在低光环境中。

下面将详细介绍每个模块的具体功能和操作，阐明它们在整个低光图像增强过程中的作用和重要性。

1. 下采样模块

在低光图像增强网络中，下采样模块的作用至关重要，它不仅负责提取关键特征，还需要在此过程中降低特征的维度。与传统依赖单纯卷积操作提取特征的方法相比较，本章设计的模块通过融合深度卷积与传统卷积的优点，实现了更为高效和深入的特征提取。如图5-1所示，下采样模块主要由ConvNeXt-Residual（CR）块组成，它集成了ConvNetXt和残差网络的核心部分来提取特征。这种结构不仅继承了ConvNeXt块在参数和计算效率上的优势，同时也借鉴了残差块在特征提取和信息流动上的长处。CR块的设计理念是利用深度卷积的高效性和残差块的有效信息传递机制，从而在不增加过多计算负担的前提下，更好地捕捉和强化低光图像中的关键信息。这种结构的引入，不仅优化了特征提取过程，还为上采样模块提供了高质量的特征表示，为最终图像重建奠定了坚实基础。此外，CR块的集成也展现了如何在保证网络深度和复杂性适中的同时，有效提升低光图像处理模型的性能，确保增强后的图像中的人脸表情得以清晰准确地被识别，进而为后续的人脸表情识别任务提供更为可靠的输入。

在每个CR块中，输入的特征图首先会被沿着通道维度平均分割成两组特征图，然后将每组特征图分别输入ConvNeXt块和3×3的Residual（残差）卷积块；随后，ConvNeXt块和残差块的输出将沿着通道维度进行拼接合并，再通过1×1卷积产生原始输入的残差分量。在下采样模块中，输入的特征图首先会经过 1×1 的卷积进行预处理，然后才会输入 CR 块中提取特征。接着卷积核为 2×2 且步长为 2 的卷积（ST 卷积）对提取到的特征进行降维操作。随着这种降维操作的逐渐增加，原始图像将被深度降采样，从而获得逐渐集中的特征。权衡计算复杂度和图像增强效果，本实验使用了三种尺度的低光图像增强网络下的采样操作，根据实际任务和硬件配置的不同，该设计理念可以很容易地扩展到其他尺度。

下面将从数学建模的角度说明下采样过程中 CR 块是如何工作的。如图 5-1 中的左上子图所示，一个 CR 块结构实际上通过通道拼接技术融合了 ConvNeXt 块和常规的残差块结构，同时与输入构建了一个残差连接。对于一个输入的特征图 M，首先会被分割成两个维度相等的特征图 M_1 和 M_2，实施过程如下：

$$\{M_1, M_2\} = Split(M) \tag{5-1}$$

随后，M_1 和 M_2 将被分别传递到 ConvNeXt 块和残差块中，以获得 Z_1 和 Z_2。

$$\begin{cases} Z_1 = ConvNeXt(M_1) \\ Z_2 = Residual(M_2) \end{cases} \tag{5-2}$$

前面得到的 Z_1 和 Z_2 将沿着通道拼接在一起 $Concat(Z_1, Z_2)$，并将拼接后的结果作为 1×1 卷积的输入 $Conv_{1\times1}(Concat(Z_1, Z_2))$，随后与原始输入 M 构建残差输出，由此，最终的 CR 块的输出 F_{out} 为

$$F_{out} = Conv_{1\times1}(Concat(Z_1, Z_2)) + M \tag{5-3}$$

2. 上采样模块

上采样模块专注于恢复下采样模块之前特征的亮度及其维度信息。在传统的特征提取网络中，浅层特征具有更高的分辨率，这些特征通常包含更详细的特征信息（如颜色、纹理、边缘、角度）。但这些浅层特征可能包含噪声，因为它们只经过了有限的卷积层处理。随着浅层特征逐渐成为网络中的高层特征，它们可以包含更多的语义信息，但高层特征的分辨率较

低，导致纹理信息较少。在人脸表情识别中，表情图像的纹理信息对于分类至关重要。此外，由于人脸表情识别任务的输入图像来自低光图像增强网络的输出，因此在低光图像增强网络中有效保留人脸表情图像的底层纹理信息尤为重要。假设低光图像增强网络可以保留纹理和其他浅层特征信息，那么它能比普通低光增强网络提供更全面的信息，为人脸表情识别任务提供更丰富的输入。在传统的上采样过程中，通常会通过连续堆叠的卷积或其他上采样方法（如插值法）来放大特征。然而，这些特征并不都有助于以后的重建过程，因为它们可能包含冗余甚至无用信息。随着特征尺度的不断扩大，这些冗余特征可能会逐渐增多，甚至会抑制对图像重建有重要影响的特征的表现。如果低光图像增强网络能在上采样阶段关注对图像重建有积极影响的特征，同时在一定程度上忽略或削弱无用特征，那么低光图像增强网络就能比传统网络重建出更高质量的图像。

本章从浅层与高层特征融合及特征增强的角度出发，精心设计了上采样模块的架构，以此来优化低光图像增强网络的性能。首先，模块通过串联操作将下采样阶段提取的浅层特征与上采样阶段的高层特征相结合，有效地克服了上采样流程中细节信息保留不足的问题。这种特征融合策略不仅保留了图像的细节和纹理信息，而且补充了必要的上下文信息，从而提升了特征在不同尺度上的表达力和准确性。进一步地，该模块利用多尺度卷积运算和通道注意力机制（CA）[93]以及像素注意力机制（PA）[118]，以此加强对图像关键特征的捕获并增强其表征能力。这种多尺度处理不仅提取了丰富的特征信息，还通过注意力机制对特征图的每个通道和像素进行精确调整，增强了模型对重要特征的关注并抑制了不必要的信息。此外，这种设计更重要的地方在于有助于减少低光图像中的噪声，而噪声是低光图像增强中最为普遍存在的问题之一。

上采样模块在低光图像增强网络架构设计中扮演了至关重要的角色。类似于下采样模块，该模块也融入了CR模块，但其独特之处在于加入了一项创新的特征增强机制。此机制的核心是利用2×2的转置卷积核并设定步长为2，对输入的特征图进行上采样处理。该步骤旨在扩大特征图的尺寸以适应后续的处理。上采样后的特征图不仅与来自下采样阶段的中间层特征图进行了精心设计的融合，还经过CR模块的进一步特征提取，以萃取丰富而有用的信息，并通过随后的特征增强模块实现特征的增强。特征增强模块带有三种不同尺度的卷积处理，这一多尺度处理策略旨在捕获从细节到抽象的不同层次的特征，进而为图像重建模块提供更全面的特征表示。通过这种方法，上采样模块不仅能够扩展特征图的尺寸，还能够丰富特征的内容，为最终的图像重建提供更加深入和全面的特征支持。这种特征增强策略具有重要意义，因为它直接关联到重建图像的质量，影响最终图像增强的效果。通过细致的特征处理，上采样模块能够有效地恢复低光图像中的细节信息、降低噪声、提高图像质量，为后续的人脸表情识别等视觉任务提供更高质量的输入。上采样模块的输出将用于重建模块，进行最终的图像重建。

在特征增强模块中，输入的特征图 F 经过三种不同尺度的卷积处理的过程如下：

$$\begin{cases} C_1 = Conv_{3 \times 3}(F) \\ C_2 = Conv_{5 \times 5}(F) \\ C_3 = Conv_{7 \times 7}(F) \end{cases} \tag{5-4}$$

随后，C_1、C_2、C_3 都被沿着通道维度拼接在一起，拼接后的特征将逐级经过通道注意力和像素注意力机制的处理，然后与输入特征图 F 进行残差连接。因此，特征增强模块的最终输出为

$$FE_{out} = PA(CA(Concat(C_1, C_2, C_3))) + F \tag{5-5}$$

式中，FE_{out} 表示特征增强模块的输出；$Concat$ 表示沿着通道拼接操作；CA 和 PA 分别代表通道注意力和像素注意力。

3. 重建模块

重建模块的主要职责是对经过精心处理的上采样模块输出特征进行有效的图像重建。在此模块中，首先利用一个CR块对输入特征图进行进一步

的细化和提纯，确保提供给最终重建步骤的特征图具有较高的质量和表达能力。接着，这些精练的特征通过两个顺序排列的1×1卷积层的处理，将多通道的特征图转换为最终的三通道输出图像，这一过程对应于从特征空间回到图像空间的映射。其中，此处的1×1的卷积层不仅简化了特征到图像空间的转换过程，而且有助于保持网络的轻量化。

4. 损失函数

通常，传统的方法是使用平均绝对误差（MAE）损失函数和均方误差（MSE）损失函数来衡量重建图像和参考图像之间的误差，但这两种损失函数仅仅评估像素与像素之间的收敛程度，没有考虑图像结构信息、色彩空间等可能影响最终生成图像的质量信息。为了从定性和定量两个方面提高图像质量，除了用于图像重建的传统平均绝对误差损失函数和均方误差损失函数外，我们还综合考虑了颜色空间差异、结构相似性、特征感知和频域差异，设计了一种新的损失函数 $\mathcal{L}$。整个过程可以描述为

$$\mathcal{L} = \omega_c \mathcal{L}_c + \omega_f \mathcal{L}_f + \omega_p \mathcal{L}_p + \omega_s \mathcal{L}_s \tag{5-6}$$

式中，$\mathcal{L}_c$、$\mathcal{L}_f$、$\mathcal{L}_p$ 和 $\mathcal{L}_s$ 分别代表图像颜色空间差异损失函数、图像频域差异损失函数、特征感知损失函数和图像结构相似性损失函数；ω_c、ω_f、ω_p、ω_s 分别表示这些损失函数对应的平衡因子。

（1）图像颜色空间差异损失函数。

按照常理，低光图像增强网络产生的增强图像和正常光（normal-light，NL）图像在图像空间域中应尽可能保持一致。RGB图像是色彩空间中人们最熟悉的图像，它由图像的红（R）、绿（G）、蓝（B）三个通道表示，该种色彩空间便于计算机存储和读取，但对人类的色彩判断并不友好，并且RGB色彩空间是一个均匀性较差的色彩空间。如果直接用欧氏距离来衡量色彩相似度，结果会与人眼视觉有较大偏差，由此诞生了比RGB更接近人类对色彩的感知体验的两种色彩空间，即HSV（色调、饱和度、亮度）和

HSI（色调、饱和度、亮度）。它们能直观地表达色彩的色调、饱和度和亮度，便于进行色彩比较。本章用L1损失函数来表征平均绝对误差，用于衡量图像在HSV和HSI色彩空间上的预测误差。具体数学表达式为

$$\mathcal{L}_c = \left\| F_E(LL)^{\mathrm{hsv}} - NL^{\mathrm{hsv}} \right\| + \left\| F_E(LL)^{\mathrm{hsi}} - NL^{\mathrm{hsi}} \right\| \tag{5-7}$$

式中，$F_E(\cdot)$ 表示低光图像增强网络；LL 表示输入低光图像；$F_E(LL)^{\mathrm{hsv}}$ 和 NL^{hsv} 分别表示增强图像和正常光图像在HSV颜色空间的表现形式；$F_E(LL)^{\mathrm{hsi}}$ 和 NL^{hsi} 分别表示增强图像和正常光图像在HSI颜色空间中的表现形式。

（2）图像频域差异损失函数。

现有的图像重建方法很少关注两幅图像在频域上的差异。本章引入基于小波[119]的高频分量损失函数来测量增强图像和正常光图像之间的高频分量误差。小波变换[120]在时域/频域都具有良好的定位特性，可以提炼分析不同尺度的视频图像信号，从信息中提取关键部分。

在频域中，图像有两个信号：低频和高频。其中，人眼对图像中的高频信号更为敏感，图像中的高频信息越多，图像的特征就越详细。因此，本章将增强后的图像与正常光图像在水平和垂直方向上的高频分量之差作为图像频域差异损失。具体数学表达为

$$\mathcal{L}_c = \left(F_E(LL)^{\mathrm{h}} - NL^{\mathrm{h}} \right) \tag{5-8}$$

式中，$F_E(LL)^{\mathrm{h}}$ 和 NL^{h} 分别表示增强图像和正常光图像在水平和垂直方向上的高频分量表示。

（3）特征感知损失函数。

为了进一步评估图像之间的差异，本章引入感知损失函数来测量增强图像和正常光图像之间的特征相似性。预训练好的VGG网络[38]作为特征感知器，与参考文献[121]类似。感知损失函数的数学表达式为

$$\mathcal{L}_p = \frac{1}{HWC} \sum_{i=1}^{H} \sum_{j=1}^{W} \sum_{k=1}^{C} \left\| V(F_E(LL))_{i,j,k} - V(NL)_{i,j,k} \right\|^2 \tag{5-9}$$

式中，W、H 和 C 分别表示一幅图像的宽、高、通道数三个维度。$V(\cdot)$ 表示预训练好的VGG网络。

（4）图像结构相似性损失函数。

平均绝对误差损失函数和均方误差损失函数平均了像素间的差异，不利于评估图像的结构失真情况。因此，本章引入结构相似性指数（SSIM）[128]作为结构相似性的评价指标，其数学表达式为

$$\begin{cases} SSIM(e,n) = \dfrac{2\mu_e\mu_n + c_1}{\mu_e^2 + \mu_n^2 + c_1} \cdot \dfrac{2\sigma_{en} + c_2}{\sigma_e^2 + \sigma_n^2 + c_2} \\ \mathcal{L}_s = 1 - SSIM(LI, NI) \end{cases} \tag{5-10}$$

式中，n 表示待测量的两个图像；μ_e 和 μ_n 表示两个图像的平均值；σ_e 和 σ_n 是图像的方差；c_1 和 c_2 表示防止分母为零的两个常数（ $c_1 = 0.01^2$ ，$c_2 = 0.03^2$ ）。

综上，本章用于训练低光图像增强模型的重建损失函数 $\mathcal{L}_{rec}$ 为

$$\mathcal{L}_{rec} = \omega_1 \mathcal{L}_1 + \omega_2 \mathcal{L}_2 + \omega_3 \mathcal{L} \tag{5-11}$$

式中，ω_1、ω_2、ω_3 分别表示平衡 $\mathcal{L}_1$、$\mathcal{L}_2$、$\mathcal{L}$ 损失函数的权重因子。在本章的实验中，根据经验设置为 { $\omega_1, \omega_2, \omega_3, \omega_c, \omega_f, \omega_p, \omega_s$ } = {0.1, 0.01, 1, 0.5, 0.5, 1, 1}。

5.4.2 低光图像增强与人脸表情识别联合学习架构

根据前文所述，我们提出了一种端到端的联合学习架构，即低光人脸表情识别级联架构，通过结合提出的低光图像增强网络和人脸表情识别网络来处理低光下的人脸表情图像。该架构的目标是：在来自人脸表情识别网络的高层视觉信息的指导下，重建视觉效果良好的人脸表情图像，作为低光图像增强模型的输出；在低光人脸表情识别任务中获得良好的准确性。

低光环境下人脸表情识别级联架构如图5-2所示，结合了低光图像增强技术和人脸表情识别技术，形成了一体化的处理流程，旨在提升在复杂光照条件下的识别性能。

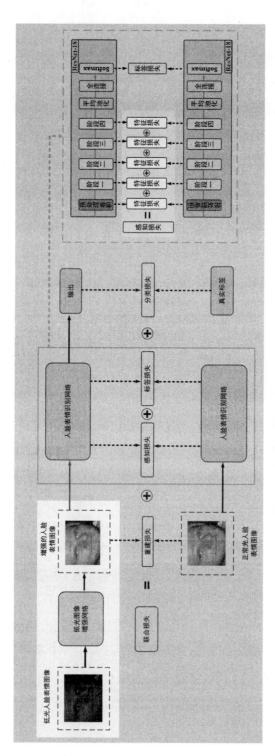

图 5-2　低光环境下的人脸表情识别级联架构

该架构融合了两大关键网络：低光图像增强网络与人脸表情识别网络。其中，人脸表情识别网络基于ResNet-18构建，但较为灵活，允许替换为其他任何高效的图像分类网络，以满足不同场景的应用需求。架构的设计核心在于先通过低光图像增强网络对捕获的暗淡人脸图像进行质量提升，进而为表情识别网络提供质量更优的输入，以更准确地进行表情分类。架构的操作流程是先通过低光图像增强网络对输入图像进行预处理，增强网络针对低光条件下的人脸图像进行亮度提升和特征增强，使之更适合表情识别。随后，这些增强后的图像被送入人脸表情识别网络，进行细致的表情类别判定，以达到优化整体识别精度的目标。此外，级联架构中的互动机制，即表情识别网络对增强网络的指导反馈，确保了图像增强阶段紧密聚焦于表情识别的关键特征，实现了在特定应用背景下的定制化优化。通过这一架构，即便在低光照环境下，也能有效提高人脸表情识别的准确率。

（1）联合训练策略。

在级联架构中，由于涉及两个不同任务的网络（低光图像增强网络和人脸表情识别网络），考虑这两个网络的联合更新是关键。在此架构中，正常光照条件下预训练的人脸表情识别网络相当于一个经验丰富的指导者。当这个网络指导低光图像增强网络时，它实际上设定了优化的方向，使得低光图像增强网络的优化始终围绕着达到人脸表情识别网络的预期标准进行。

在具体实施上，首先在正常光照数据集上预训练人脸表情识别网络，并冻结其所有可训练参数。在随后的级联训练过程中，仅更新低光图像增强网络的权重。这种联合训练策略中，已训练好的人脸表情识别网络扮演指导者的角色，指导低光图像增强网络的训练；而后者则作为学生，利用指导者提供的反馈信息，通过自身努力，不断优化自己，以期达到指导者设定的目标。这种指导者–学生的关系促进了低光图像增强网络在训练过程中的有效学习，从而更好地满足人脸表情识别任务的需求。

（2）联合训练损失。

通常情况下，基于学习的低光图像增强网络使用某种重构损失函数（如L1损失函数和L2损失函数）进行训练。而人脸表情识别网络则使用分类损失进行训练，目的是提高识别准确率。如图5-2所示的人脸表情识别级联架构，设计了一种联合损失来训练低光图像增强网络。它集成了两个主要损失，一个是最初用于低光图像增强网络的重构损失，另一个是用于人脸表情识别任务的高层视觉损失，包括分类损失（$\mathcal{L}_{cls}$）、特征感知损失（$\mathcal{L}_{ferp}$）和标签损失（$\mathcal{L}_{lable}$）。下面进行详细介绍。

级联架构中的重构损失计算方法与低光图像增强网络相同，它是通过式（5-11）计算得到的。除了利用增强图像和正常光图像在图像域上的估计误差来指导低光图像增强网络训练外，还为级联架构设计了基于人脸表情识别的感知损失$\mathcal{L}_{ferp}$。

$$\begin{cases} \mathcal{L}_{feas} = \mathcal{L}_1(E_s, N_s) \\ \mathcal{L}_{ferp} = \sum_{s=1}^{S} \mathcal{L}_{feas} \end{cases} \qquad (5\text{-}12)$$

式中，$\mathcal{L}_{feas}$表示图5-2中的第s级的特征损失；S表示人脸表情识别网络的阶段数量（残差块）；$\mathcal{L}_1$表示MAE损失函数；E_s、N_s分别表示经过人脸表情识别网络的各阶段的增强图像和正常光图像的特征。

在本章的研究中，除了原始的分类损失作为训练架构的高层视觉损失外，还引入了标签损失作为辅助损失，旨在减少正常光照图像与增强图像在预测标签上的差异。这里的分类损失和标签损失都采用交叉熵损失来计算。分类损失计算的是增强图像的预测标签与其真实标签之间的误差，而标签损失则关注增强图像的预测标签与由正常光照图像通过人脸表情识别网络生成的标签之间的误差。

因此，本章所定义的最终联合损失是将重建损失、感知损失与这些高层视觉任务的损失（包括分类损失和标签损失）进行加权求和，综合考虑了图像重建的质量、感知一致性以及高层视觉任务的精确性。这种损失函数的设计旨在同时优化图像的视觉质量和对应的高层视觉任务的性能，确保低光图像增强网络不仅能生成视觉上令人满意的图像，而且这些图像在后续的人脸表情识别任务中也能表现出良好的识别效果。最终的联合损失 $\mathcal{L}_{\text{joint}}$ 可表示为

$$\mathcal{L}_{\text{joint}} = \mathcal{L}_{\text{res}} + \mathcal{L}_{\text{ferp}} + \mathcal{L}_{\text{cls}} + \mathcal{L}_{\text{label}} \qquad (5\text{-}13)$$

式中，$\mathcal{L}_{\text{ferp}}$、$\mathcal{L}_{\text{cls}}$ 和 $\mathcal{L}_{\text{label}}$ 分别表示基于人脸表情识别网络的感知损失、分类损失和标签损失。

5.4.3 低光人脸表情图像生成

在本章中，利用 Lv 等人[123]提出的低光图像合成方法建立了一个低光面部表情数据集。具体来说，该方法采用线性变换和伽马变换相结合的方法，将正常光照的人脸表情图像转换为曝光不足的低光图像。与正常光图像相比，合成的弱光人脸表情图像具有亮度低、对比度低的特点。该低光图像合成方法（无额外噪声添加）的数学表达式为

$$I_{\text{out}}^{(i)} = \beta \times \left(\alpha \times I_{\text{in}}^{(i)} \right)^{\gamma}, i \in \{R, G, B\} \qquad (5\text{-}14)$$

式中，$I_{\text{in}}^{(i)}$、$I_{\text{out}}^{(i)}$ 分别表示输入图像和合成的低光图像；α 和 β 表示线性变换，γ 表示伽马变换，这三个参数采样自均匀分布：$\alpha \sim U(0.9, 1)$、$\beta \sim U(0.5, 1)$、$\gamma \sim U(1.5, 5)$。

5.5 实验结果与分析

本章提出了一种低光图像增强与人脸表情识别的联合学习架构，旨在提升低光环境下的人脸表情图像质量及人脸表情识别准确性。该架构结合了专门设计的低光图像增强网络和人脸表情识别网络，并采用联合学习策略以优化两项任务。为验证所提出方法的效果，本节进行了一系列实验来展示所提出的联合学习架构的有效性，尽可能从多个角度验证其可行性。

5.5.1 实验数据集

1. 低光图像增强数据集

本章提出的低光图像增强方法的训练和测试任务主要在 LOL[124] 和 NPE[125]数据集上完成。

（1）LOL 数据集包含 500 张图像，其中 485 张用于训练，15 张用于测试。它是第一个用于在真实场景评估低光增强的数据集。在本章的实验中，由于划分图像切片的存在，实际参与训练的数据包含 727.5 万个图像切片。

（2）NPE 由 Cannon 数码相机拍摄的 46 张图像和从网站下载的 110 张图像组成，这也是低光图像增强领域广泛使用的数据集。

2. 人脸表情识别

我们提出的人脸表情识别方法的训练和测试任务主要在 FERPlus 和低光 RAFDB 数据集上完成。

5.5.2 实验实施细节

本章介绍的低光图像增强网络专门处理RGB格式的低光图像，并直接输出增强后的图像。为了评估增强图像的质量，本小节采用峰值信噪比（PSNR）和结构相似性指数（SSIM）作为主要的评估指标，这两个指标在图像生成任务（如图像超分辨率、图像复原等）中广泛使用。此外，为了提供直观的比较，本小节还展示了可视化的结果。

本小节包含大量的对比实验，旨在将本章提出的低光图像增强方法与LOL和NPE数据集上的现有方法进行比较。在单独进行低光图像增强的实验中，每次迭代随机裁剪的图像块大小设置为160×160，批量大小设置为15，选用Adam优化器，初始学习率为0.0003，模型共训练了15 000个轮次。在联合训练阶段，利用广泛使用的ResNet-18网络，在RAFDB和FERPlus数据集上执行人脸表情识别任务。对于联合训练，每次迭代的批量大小设为32，同样采用Adam优化器，学习率为0.0003，模型训练20 000个轮次。所有实验都是在Pytorch 1.7.1框架下进行，运行在Ubuntu18.04LTS操作系统的工作站上，工作站配置为3.70GHzi7-8700KCPU和2×32GV100GPU。

5.5.3 基础对比实验

在基础对比实验中，本章提出的低光图像增强方法专注于自然低光图像及低光人脸表情图像的处理，并与其他先进的低光图像增强方法进行了详尽比较。这些实验旨在全面评估所提方法在不同类型的低光图像上的性能，尤其关注自然低光环境和低光条件下的人脸表情图像。通过这种方式，可以清晰地展示我们提出的方法在处理各种低光图像，特别是人脸表情图像方面的优势和效果，从而验证其在实际应用中的可行性和有效性。

本小节将从定量和定性两个方面，与当前先进的低光图像增强方法进行对比。表5-1和表5-2显示了各种方法分别在LOL和NPE数据集上的数值结果。

表5-1　我们提出的低光图像增强方法在LOL数据集上与其他先进方法的对比

方法	PSNR值/dB	SSIM
KinD[126]	20.87	0.802 2
Zero-DCE[127]	14.86	0.509 3
LIME[128]	16.76	0.564 4
LightenNet[129]	10.30	0.361 3
LLNet[130]	17.95	0.681 9
Retinex-Net[131]	16.77	0.559 4
EnlightenGAN[112]	17.44	0.674 4
DLN[132]	21.95	0.807 1
KinD++[133]	21.30	0.822 6
Ours(LLIENet)	23.44	0.864 8

Retinex-Net[131]、LIME[128]、EnlightenGAN[112]、DLN[132]、Kind++[133]等方法在低光图像增强领域均具备较好的性能。实验中使用了这些方法的公开代码，并应用了默认参数设置以确保比较的公平。两个低光数据集LOL和NPE被选为评估的基准。对于定量比较，主要采用图像恢复领域中两个常见的指标进行比较，分别是PSNR和SSIM得分；对于定性比较，则主要从可视化的增强效果上进行比较。

从表5-1中可以看出，所提出的低光图像增强方法在数值上优于其他先进的对比方法，其平均PSNR值为23.44 dB，SSIM得分为0.864 8。较高的PSNR值说明增强的图像在像素级误差较小，且恢复了更多色彩信息；而较高的SSIM值则表明更好地保留了图像的结构细节，这意味着所提出的方法产生的结果更符合人类视觉感知。为了进一步验证所提出方法的泛化能力，本小节也在NPE数据集上评估了自然图像质量评估（NIQE）分数，表5-2的NIQE平均值显示，我们提出的方法在泛化能力方面同样优于其他先进方法。这些实验结果证明了我们提出的低光图像增强方法在LOL和NPE数据集上的性能提升展现了其在低光图像处理方面的潜力。

表5-2　我们提出的低光图像增强方法在NPE数据集上与其他方法的对比

方法	NIQE分数
CRM[134]	3.680 0
LIME[128]	3.842 2
NPE[125]	3.445 5
KinD++[133]	3.146 6
Ours (LLIENet)	3.016 2

上述的定量分析结果显示了我们提出的低光图像增强方法的优越性，但仅凭这些数据不足以全面评估该方法的有效性。因此，为了更直观地展示方法的优势，我们还对所有方法的增强效果进行可视化比较，结果如图5-3和图5-4所示。这些图像定性地展现了我们提出的低光图像增强方法与其他先进方法的视觉对比效果。

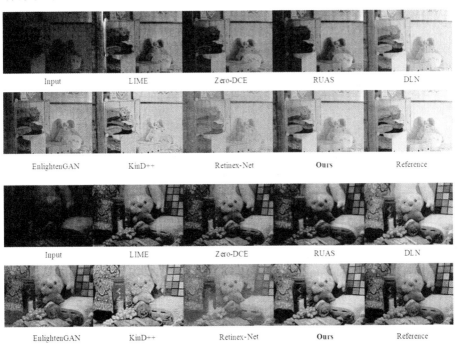

图5-3　低光图像增强方法在LOL数据集上与其他方法的可视化对比

在图5-3所示的LOL数据集的结果中可以观察到，LIME、Zero-DCE、RUAS和EnlightenGAN等方法增强的图像相比其他增强网络显示出较暗的颜色。而Kind++和Retinex-Net在亮度恢复和色彩保持方面的表现相对较差。与之相比，我们提出的低光图像增强方法在恢复效果方面的表现更为出色。具体来说，我们提出的方法生成的增强图像不仅在亮度上做了适当的恢复，而且保留了更多细节信息，恢复的颜色也更接近原始正常光照图像。

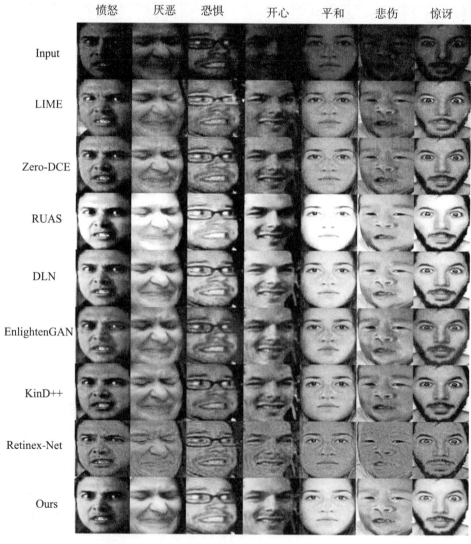

图5-4 低光图像增强方法与其他先进方法在RAFDB数据集上的可视化对比

在图5-4所示的RAFDB数据集的结果中，DLN恢复的人脸表情图像在视觉效果上较能被接受，其他增强算法或是出现了亮度失真，或是产生了过度的伪影。而我们提出的低光图像增强方法恢复的图像在亮度和细节方面显示出更强的竞争力。这些可视化结果不仅证实了该方法在定量评估中的表现，而且展示了其在视觉质量上的显著优势。

表5-3 在LoL数据集上特征增强模块和高低层特征融合策略
对我们提出的低光图像增强网络性能的影响

特征增强模块	高低层特征融合	PSNR值
×	×	20.91
×	√	22.87
√	×	21.55
√	√	23.44

5.5.4 消融实验

我们提出的低光图像增强方法在生成增强图像时有效地减少了噪点和色彩失真，从而提供了更好的视觉效果。为了进一步分析我们提出的低光图像增强网络各部分的具体贡献，本小节又进行了一系列实验来评估其有效性和关键部件的影响。

在LOL数据集上的评估实验结果（见表5-3）揭示了当应用高低层特征融合和特征增强策略时，所提出的低光图像增强方法的性能得到了显著提升。具体而言，这两种策略在PSNR指标上对低光图像增强网络产生了积极影响。结合使用这两种策略的效果优于仅使用单一策略，与未应用这些策略的情况相比，PSNR值提升了约2.5%。从实验结果来看，我们提出的特征增强模块和高低层特征融合策略对提升低光图像增强网络的性能是有效的，这也进一步验证了所提出方法设计的合理性。

在本章提出的低光图像增强方法中，考虑了多种损失函数（$\mathcal{L}_c$、$\mathcal{L}_f$、$\mathcal{L}_p$、$\mathcal{L}_s$、和$\mathcal{L}_s$）的组合。为了评估在所设计的低光图像增强方法中应用的多种损失函数的有效性及其对网络整体性能的贡献，本小节进行了一系列实验。在这些实验中，使用包含MAE和MSE损失函数的模型作为基线。实验结果见表5-4。随着不同损失函数的逐渐引入，性能指标PSNR有一定的改善趋势。这些结果表明，引入额外的损失分量能提高低光图像增强方法的性能，其中对性能影响较为显著的是图像结构相似度损失函数。这一发现不仅验证了多损失函数组合方法的有效性，也强调了结构相似度在图像增强过程中的重要性。

表5-4　在LOL数据集上损失函数对我们提出的低光图像增强网络性能的影响

$\mathcal{L}_c$	$\mathcal{L}_f$	$\mathcal{L}_p$	$\mathcal{L}_s$	PSNR 值
×	×	×	×	21.37
√	×	×	×	21.88
√	√	×	×	21.93
√	√	√	×	22.54
√	√	√	√	23.44

5.5.5　对比实验

虽然PSNR和SSIM被广泛用于评估恢复图像的质量，但它们主要测量的是两幅图像在像素级别上的差异，与实际的视觉质量评估总是存在一定的差异。因此，未来的研究工作不应该继续追求量化指标的改进，而是应该探索人脸表情识别任务如何影响低光图像增强方法，以及这种影响在多大程度上会改变人脸表情识别模型在弱光条件下的性能。

在我们提出的低光人脸表情识别架构中，低光图像增强网络和人脸表情识别任务之间的相互影响值得重点探讨。在人脸表情识别任务中，低光环境下的图像质量会显著影响识别效果。因此设计低光图像增强网络时，需要优化其恢复过程，以确保增强后的图像能够有效支持表情识别。本章所用的损失函数主要包括来自低光图像增强网络的图像重建损失（MAE损失、MSE损失和我们新设计的损失），以及来自人脸表情识别网络的高级损失（感知损失、分类损失和标签损失）。若仅仅采用重建损失，即认为是单纯的训练低光增强图像网络；而采用高层视觉损失和重建损失同时训练低光增强图像网络，则代表采用了联合学习的方式。

为了研究这两种方式对人脸表情识别任务的影响，本章采用Grad-CAM[101]对不同方式下的人脸表情识别任务进行可视化对比。这项可视化对比包括两种情况：（1）仅使用图像重建损失；（2）同时使用图像重建损失和高层视觉损失。

图5-5展示了在RAFDB测试集上的一些可视化结果。

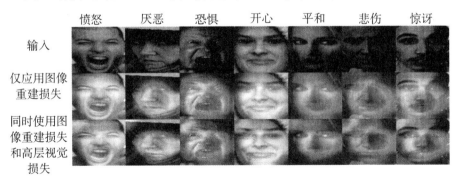

图5-5 采用Grad-CAM的可视化比较

从图5-5中的可视化结果可以观察到，在仅应用图像重建损失的情况下，Grad-CAM可视化效果揭示了低光图像网络倾向于对人脸表情图像中面部肌肉的局部区域做出反应，这表明这些区域在人脸表情识别任务中具有一定的贡献，可能对理解和识别特定的面部表情起着关键作用。第三行图像展示了在同时应用图像重建损失和高层视觉损失进行训练时的可视化结果。与仅使用图像重建损失的情况相比，这些结果中突出显示的区域更为精准和集中，响应值也更强（颜色更深）。这些区域通常包含了重要的判别特征，对识别不同的面部表情类别至关重要。

图5-5的结果清晰地表明，当低光图像增强网络是在人脸表情识别网络的指导下训练时，它能够恢复对人脸表情识别任务较为重要的特征。这些特征的恢复不仅改善了图像的视觉质量，而且提高了在低光条件下人脸表情识别的准确性。这些结果为我们提出的联合学习架构的有效性提供了验证，并体现了在设计低光图像增强方法时考虑高层视觉任务的重要性。

事实上，这些可视化结果对理解如何通过调整损失函数来优化人脸表情识别任务在低光环境下的表现比较重要。通过对比不同损失函数下的结果，可以更深入地了解低光图像增强网络是如何受到人脸表情识别任务的影响，以及这种影响如何改善模型在低光环境下的性能。此外，这些实验结果也为未来研究指明了方向，即不仅关注量化指标的提升，更重视如何提高模型在实际视觉任务中的有效性。

本章通过在低光RAFDB数据集上的测试进一步定性评估了所提出的联合学习策略。如图5-6所示的实验结果包括使用四种方法得到的增强图像。DLN和Kind++的增强结果分别展示在第二列和第三列，第四列展示了我们提出的低光图像增强网络在无人脸表情识别网络指导的情况下单独训练得到的结果。第五列展示了使用低光图像增强网络与人脸表情识别网络联合训练得到的结果。

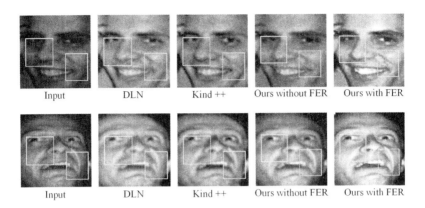

图5-6　低光表情图像增强的示例

　　总的来看，DLN、Kind++以及我们提出的低光增强网络所得到的图像结果在清晰度方面都存在不足，这主要是由于原始低光输入图像的质量限制。通过局部观察结果显示，我们提出的方法在自然度和清晰度方面略有优势。特别是当低光图像增强网络受到人脸表情识别网络的指导后，恢复的图像效果显得更加自然和逼真。

　　这一结果从侧面验证了本章提出的联合学习策略的有效性，尤其是在提升图像自然度和清晰度方面的潜力。通过将低光图像增强网络与人脸表情识别网络联合训练，可以更好地恢复低光条件下的图像质量，同时，对表情识别有利的特征得到有效恢复和强化，这对于低光环境下的人脸表情识别任务较为重要。

　　表5-5列出了我们提出的低光人脸表情识别方法和现有的先进人脸表情识别方法在低光RAFDB和FERPlus数据集上的性能进行定量比较的结果。为了确保比较结果的公正性和说服力，在进行定量比较时特别引入了人脸表情识别领域的先进研究方法，如RAN、SCN、DMUE等。从比较结果中可以看出，我们提出的方法在低光RAFDB和FERPlus数据集上的识别准确率分别达到了87.48%和85.47%，均超过了现有的先进方法。这些数据验证了我们提出的方法与当前先进的人脸表情识别技术相比具有良好的竞争力。

表5-5　低光人脸表情识别联合学习架构（LL-FER）分别在低光RAFDB、
FERPlus数据集上与当前先进方法的识别准确率对比

方法	识别准确率/%	
	RAFDB	FERPlus
RAN[46]	82.43	82.31
SCN [67]	80.61	79.30
DMUE [102]	85.60	83.18
DACL [30]	83.7	82.49
KTN [71]	85.98	83.01
RUL [135]	86.18	82.92
EAC [86]	79.99	74.98
Ours (LL-FER)	87.48	85.47

　　进一步地，本小节还展示了在低光RAFDB和低光FERPlus数据集上的混淆矩阵（如图5-7和图5-8所示）。混淆矩阵的结果表明，所提出的方法在低光环境下较为擅长识别开心、平和和惊讶这三类人脸表情，识别准确率普遍超过84%。对于样本量较少的表情类别，如恐惧和蔑视，本方法同样展现了相对稳定和可接受的性能。

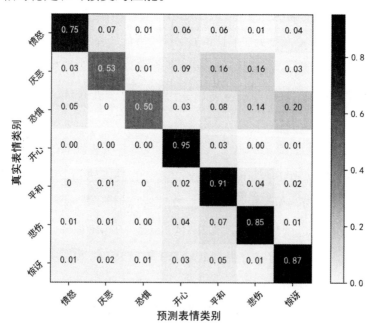

图5-7　在低光RAFDB数据集上测试结果对应的七种人脸表情的混淆矩阵

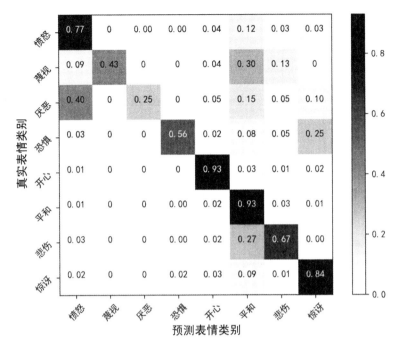

图5-8　在低光FERPlus数据集上测试结果对应的八种人脸表情的混淆矩阵

为了较全面地评估不同低光增强方案对人脸表情识别任务的影响，本小节设计了一系列实验。这些实验旨在验证本章提出的低光图像增强与人脸表情识别网络联合学习架构的合理性和有效性。实验配置如下。

（1）低光人脸表情图像直接输入人脸表情识别网络。该方案用作低光人脸表情识别的基线（简称baseline）。

（2）低光人脸表情图像首先经过Kind++方法增强，然后输入人脸表情识别网络。该方案被命名为Kind++ with FER（简称KFER）。

（3）首先通过本章提出的低光图像增强网络独立训练低光人脸表情图像，然后将增强后的图像用作人脸表情识别网络的输入来执行识别任务。该方案被命名为独立FER（简称IFER）。

（4）低光人脸表情图像依次通过我们提出的低光图像增强网络和人脸表情识别网络，并对两个网络进行联合损失训练。该方案被称为联合学习方法（简称joint-learning）。

图 5-9 展示了在不同训练方案下，低光人脸表情识别任务在低光 RAFDB 和 FERPlus 数据集上的识别准确率。从图中可以看出不同训练方案对人脸表情识别性能的影响。与其他方法相比，baseline 方法在所有数据集上的识别性能都相对较低。这表明，低光图像增强技术作为低光人脸表情识别的预处理步骤，有助于改善低光环境下的识别准确率。KFER 和 IFER 方法在数据集上的实验结果表明，仅使用低光图像增强方法可以提升人脸表情识别的准确度，但由于缺乏高层视觉信息的引入，以及低光图像增强网络性能的限制，改善幅度有限。此外，低光图像增强网络的性能不够高，也导致无法实现更大的改进。而我们提出的联合学习方法在两种人脸表情数据集上都取得了优于 baseline 方法和独立训练的 KFER 和 IFER 方法的精确度。

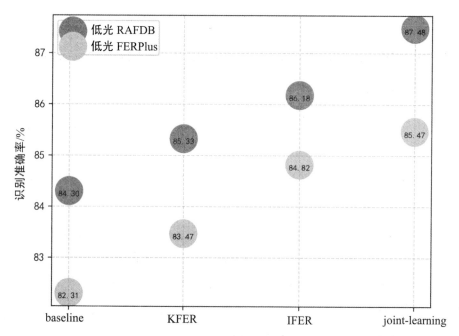

图5-9　不同训练方案在低光 RAFDB 和 FERPlus 数据集上的识别准确率对比

进一步地，图 5-10 展示了不同训练方案在低光 RAFDB 和 FERPlus 数据集上对七种人脸表情类别的识别准确率。从图 5-10 中可以观察到，在联合学习架构下，人脸表情识别网络在低光测试数据集上表现出比独立训练方法更好的性能。这一结果指出，联合学习方法对低光图像增强网络的恢复性能产生了积极影响，促使其恢复出对人脸表情识别任务更有用的特征表征。因此，人脸表情识别网络能够从增强的表情图像中提取更多判别特征，从而提高识别精度。相反，独立训练法的性能则存在一定的局限性。

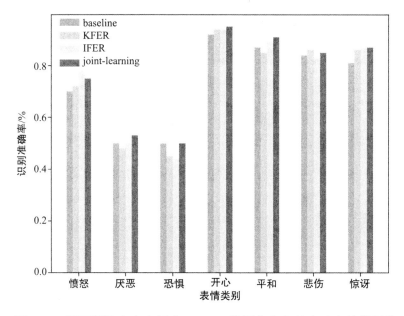

图5-10　不同训练方案在低光RAFDB数据集上七种人脸表情类别的
识别准确率对比

图5-11中进一步展示了一些具有代表性的人脸表情识别结果。这些结果表明，在某些表情类别上，本章提出的联合训练方法相比其他方法获得了更高的识别准确率，显示出更佳的表现。这种提升的主要原因是，其他方法并未在人脸表情识别任务的指导下进行训练，因此它们难以直接提取出用于表情识别的关键特征。而本章提出的联合训练方法利用了人脸表情识别网络的指导来训练低光图像增强网络，这一策略使得人脸表情识别网络能够从经过增强处理的表情图像中学习和提取更多关于表情的关键特征。

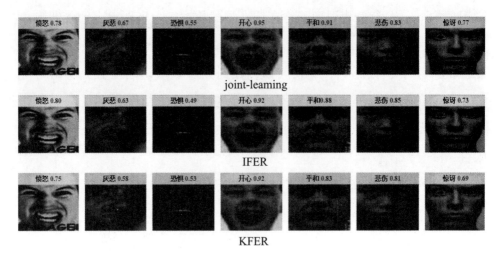

图5-11　低光人脸表情识别联合学习架构（LL-FER）、KFER和IFER的
七种人脸表情的识别准确率

5.6　本章小结

本章致力于解决低光环境下的人脸表情识别问题，由此设计了一种低光图像增强与人脸表情识别的联合学习架构。该架构结合了特别设计的低光图像增强网络和人脸表情识别网络，优化了两个任务的综合性能。在低光图像增强网络中，采用了结合ResNet和ConvNeXt结构的方法，有效提取和增强低光图像的特征。此外，通过将人脸表情识别网络的反馈纳入训练过程，低光图像增强网络能够学习恢复对表情识别更有利的特征。具体而言，一方面，低光图像增强网络专门设计了用于低光表情图像的预处理，结合多种重建损失，有效地恢复了表情图像的细节信息；另一方面，允许来自人脸表情识别任务的高级语义信息反馈给低光图像增强网络，这有利于人脸表情识别网络在语义上增强的图像上做出更准确的识别判断。

本章的低光图像增强方法在多个低光图像数据集上进行验证，显示出优于现有先进方法的准确率。尤其在处理极低光照条件下的图像时，能有效提升识别准确率。同时，通过大量的消融实验和与现有先进方法的比较，我们提出的方法在低光人脸表情识别任务中也展现出一定的优势。此外，我们还证实了在低光图像增强网络中采用合适的重建损失策略，以及在上采样过程中融合深层和浅层特征的注意力机制，可以进一步提升原始模型的性能。通过大量的定性和定量比较实验，展示了所提出的联合训练架构在促进人脸表情识别任务方面的优势。

第六章

面向低分辨图像的超分辨率人脸表情识别方法

　　针对常规人脸表情识别模型仅在正常光环境下工作，导致很难从低光的人脸表情图像中提取到有用的鉴别性特征，从而影响人脸表情识别模型性能的问题，我们提出了一种新型的低光人脸表情识别架构，成功提升了低光图像的视觉质量，使得低光图像增强网络能够在训练过程中根据需要生成尽可能适合人脸表情识别任务的增强图像，以提升人脸表情识别模型在低光环境下的适应性，从而提高其在弱光、低光等恶劣光照环境下的识别精度。

　　本章针对低分辨率图像下的人脸表情识别模型的不足进行研究。常规人脸表情识别模型大多数都是在分辨率相对较高的图像上训练的，而在实际应用场景中，低分辨率图像普遍存在，常因图像压缩、远距离拍摄或低质量传感器而产生。人脸表情识别模型在识别这些图像时，由于细节和特征的缺失，识别性能往往会大幅降低。针对低分辨下人脸表情识别模型性能退化的问题，我们提出了一个创新的统一学习架构，有效地将超分辨率技术与人脸表情识别技术融合，实现了两者任务的协同进化。该架构利用超分辨率技术来提高低分辨率图像的质量，从而增强人脸表情识别的准确性（重点不仅在于恢复图像细节，而且还在于强调表情相关特征的增强）。本章通过引入多阶段注意力感知一致性损失和预测一致性损失，有效地恢复了关键特征，为低分辨率环境下的人脸表情识别提供了一种新的解决方案。

6.1 引言

作为计算机视觉的基本任务之一，人脸表情识别已被广泛应用于医疗保健、人机交互、安全等领域。目前的人脸表情识别技术包括使用深度卷积神经网络模型捕捉表情特征，并使用全连接层或 SVM 等机器学习方法预测结果。由于 SCN 和 DACL 等技术具有出色的识别性能，通常可以通过设计合理的训练方案获得较为不错的结果。这些方法能否获得令人满意的识别结果，主要取决于图像的质量和分辨率。

然而，现实场景中的成像条件比较苛刻，例如拍摄设备性能限制或远距离拍摄等，这都会给获取较好质量或分辨率的图像带来挑战，因此经常会拍摄到退化的人脸表情图像。其中，分辨率退化已成为一种常见的图像质量退化类型，并被广泛研究。通常来说，随着分辨率的降低，人脸表情图像会变得越来越模糊，导致纹理细节逐渐丢失，辨别性特征也随之丢失。由于缺乏辨别特征，普通的人脸表情识别模型在退化的表情图像上的识别准确率较低。尽管存在这些挑战，低分辨率人脸表情识别在带宽受限（如降采样视频传输）或复杂环境（如拥挤、光照不均）中仍至关重要。因此，为了缓解因图像分辨率下降而导致识别准确率降低的困扰，设计一种解决方案来恢复退化的低分辨率表情图像的细节和识别信息具有重要的现实意义。

目前，很多人脸表情识别算法（如 RAN、RUL 等）都取得了很好的效果，其中大部分都是基于公开的、分辨率较高的人脸表情数据集进行直接训练和测试的。当这些传统方法应用于退化的低分辨率人脸表情图像时，其提取特征信息和进行判别的能力都会受到不同程度的影响。为了减轻低分辨率图像的负面影响，常规的方法通常会考虑在事先预处理环节提高图像的分辨率。如今，传统的图像插值算法和基于深度学习的图像超分辨率技术已成为提高图像分辨率的有效方法。而后者近年来逐渐取代了前者，因为它可以重建具有更丰富纹理细节的高分辨率图像[136-137]。然而，虽然这些分辨率增强技术实现了像素级的图像分辨率恢复，但对于像人脸表情识别这样的高层视觉任务来说，这并不是最佳选择。因为这两项任务是分开训练的，导致分辨率增强技术可能只能捕捉到像素级的有用分辨率信息，但这些分辨率信息不一定对高层视觉任务完全有用。

在现有的研究中，利用图像超分辨率技术改善低分辨率图像以提升人脸表情识别性能已被一些研究者探索[138]。然而，这些方法存在一些局限性，例如仅仅通过引入更复杂的网络结构来解决恢复任务，或是简单地将图像超分辨率技术与人脸表情识别网络结合。这样的方法可能无法有效地恢复具有判别力的表情特征，同时还可能增加训练成本。

由于之前的增强图像在生成过程中缺乏人脸表情识别任务的判别性信息指导，这限制了大多数人脸表情识别方法在识别性能提升方面的潜力。为应对这一挑战，受到先前在低分辨率人脸表情识别研究以及高层视觉任务与低层视觉任务结合的研究启发，我们提出了一种融合人脸表情识别和图像超分辨率任务的统一学习架构。这一架构通过构建人脸表情识别与图像超分辨率任务之间的级联连接，旨在提升低分辨率条件下的人脸表情识别性能。在该架构下，人脸表情识别网络的判别性信息被反馈到超分辨率网络中，从而优化超分辨率网络，使其生成更适合后续识别任务的恢复图像。这些恢复后的人脸表情图像再传递给人脸表情识别网络，从而在低分辨率情况下提高人脸表情识别的准确性。

6.2 相关研究工作

尽管低分辨率人脸表情识别具有挑战性，但仍有一些有意义的研究在进行。目前的低分辨率人脸表情识别方法主要包括两大类：一类是基于深度学习的策略，另一类是非深度学习的策略。基于深度学习的方法通常会设计额外的分支来提取低分辨率图像中的有用信息，或者使用超分辨率方法来提高低分辨率图像的质量。例如，Wang 等人[139]首次尝试使用深度学习方法来解决极低分辨率的人脸表情识别问题。他们主要利用超分辨率、域自适应和鲁棒回归等技术，开发了专门的深度学习方法。目前的超分辨率方法已经得到了更大的改进，低分辨率人脸表情识别的性能也因此有机会同步提升。Cheng 等人[138]通过在解码器中嵌入超分辨率和识别模型来应对各种下采样情况，从而能够很好地适应真实场景中的多种带宽。Liu 等人[140]针对人脸表情图像提出了一种基于图卷积网络的框架，旨在解决人脸表情生成任务，其要点是生成器在预训练的具有对抗损失的动作单元（AU）分类器和判别器的监督下生成恢复的人脸表情图像。Liu 等人[141]设计了一个三分支框架，由边缘提取分支、边缘增强分支和图像重建分支组成。他们通过恢复锐利信息实现了高质量的图像重建，而且他们的方法在低分辨率人脸表情识别上也有很好的表现。Nan 等人[142]则提出了一种基于生成对抗网络的新方法，以解决低分辨率图像中的人脸表情识别问题。这项工作使用预训练的人脸表情识别模型进行特征提取，使用生成器和判别器网络进行特征转换，同时还采取了分类感知损失加权策略，以提高对易误分类样本的识别准确率。对于基于非深度学习的方法，通常会使用一些传统的图像处理算法。例如，Yan 等人[143]通过一种新颖的基于图像滤波器的子空间学习方法解决人脸表情识别中的低分辨率难题。该方法增强了人脸表情图像表征，在保留重要信息的同时摒弃了无关细节。Khan等人[144]提出了一种用于人脸表情识别的局部二进制模式金字塔方法，它只从人脸的感知突出区域以金字塔方式提取纹理特征。此外，还有一些适合低分辨率人脸表情识别工作的方法，例如，Shen等人[145]提出了一种用于低分辨率人脸表情识别的TM-gcForest方法。该方法通过添加纹理映射层来增强深度森林模型gcForest，从而提高了从低分辨率图像中提取关键人脸轮廓特征的能力。Lo等人[146]通过结合概率数据不确定性学习标签不确定性感知嵌入，改进了低分辨率人脸表情识别性能。当图像的分辨率足够高时，常见的人脸表情识别方法显示出良好的识别性能。然而，对于分辨率较低的表情图像，人脸细节和表情特征的丢失给大多数人脸表情识别方法带来了一些挑战。现有的低分辨率人脸表情识别方法仍有改进的余地。

下面介绍有关超分辨技术的发展。

由于现实世界中的各种限制条件，图像分辨率下降是一种比较常见的现象，其基本过程可表述为

$$DI = (OI * K) + N \tag{6-1}$$

式中，DI表示退化图像；OI表示原始图像；K表示退化核；N表示噪声；运算符*表示元素相乘。估计K和N是超分辨率技术的主要目标。由于K和N的产生具有不确定性，在现实世界中很难准确预测，这使得超分辨率技术在恢复可靠图像时面临挑战。幸运的是，通过对大量数据的学习，许多基于卷积神经网络的超分辨率技术可以自动估计退化核并降低噪声[147-148]。

SR卷积神经网络[147]首次采用卷积神经网络实现超分辨率效果，通过输入低分辨率图像，学习低分辨率到高分辨率图像的端到端映射，其性能超越传统方法。受VGG网络的启发，Kim等人[149]提出了一种用于高精度单图像超分辨率的神经网络模型，并引入残差结构。随着超分辨率研究的不断深入，基于生成对抗网络（GAN）的方法[150]开始取得较好效果。例如，

SRGAN[151]通过设计内容损失对分辨率退化4倍（×4）的图像进行处理，显著提高了感知质量。ESRGAN[137]通过设计残差密集块模块进一步增强了超分辨率图像的视觉质量。

6.3 现有研究存在的问题

从上述关于低分辨率表情识别和图像超分辨率的研究工作可以看出，当前的一些方法已经为低分辨率人脸表情识别任务做出了一定的贡献。然而，尽管上述方法的成功应用促进了低分辨率人脸表情识别的发展，但它们仍有较大的提升空间。

（1）在使用传统方法进行低分辨率人脸表情识别时，可能只考虑像素级信息，而不容易关注人脸表情识别所需的语义信息。在结合超分辨率技术进行低分辨率人脸表情识别时，重点可能是恢复视觉上良好的图像，但应更多关注人脸表情识别所需的信息。

（2）虽然结合超分辨率技术的低光人脸表情识别模型的性能有了明显的提升，但它们通常是独立于高级视觉任务（如图像分割、表情识别等）进行的。因此，它们无法确保恢复的特征适用于特定的高级视觉任务。对于人脸表情识别任务来说，它缺乏辨别增强的分辨率信息中相对重要性的能力，无法识别哪些信息更重要，哪些信息不太有用。反过来，人脸表情识别任务也不知道如何让分辨率增强任务去恢复它所需要的判别特征。因此，简单地将这两项任务视为独立的优化过程可能不是适合的选择，从而导致难以从低分辨率图像中恢复对人脸表情识别任务十分重要的判别特征。

6.4 方法设计

我们提出了一种将超分辨率技术和人脸表情识别技术结合的感知一致性联合学习架构，即超分辨率人脸表情识别架构（SR-FER），旨在解决常规人脸表情识别方法在处理低分辨率图像时性能下降的问题。与传统分别训练超分辨率和人脸表情识别网络的方法相比，本架构同步处理人脸表情图像的分辨率恢复和识别任务，两个任务在级联结构中互相提供有用信息。本架构构建了从人脸表情识别网络到超分辨率网络的信息流动路径。一方面，通过将超分辨率网络生成的人脸表情图像及时输入人脸表情识别网络，超分辨率网络能感知到来自后者的识别结果（语义标签）及其与真实标签的差异；另一方面，虽然人脸表情识别网络的反馈能够促进超分辨率网络的进化，但仅依靠语义标签的信息可能不足以指导超分辨率网络恢复人脸表情识别所需的判别性特征。为此，在超分辨率网络生成的图像和高分辨率图像间引入了注意力感知一致性和预测一致性正则化，进一步明确地指导超分辨率网络的恢复过程。通过关注恢复图像与高分辨率图像在注意力和预测结果上的差异，帮助超分辨率网络恢复判别性特征。这样恢复的图像被输入人脸表情识别网络中，以捕捉更准确的人脸表情特征，从而提高识别结果的准确度，并为超分辨率网络提供有效的反馈，从而实现两个网络任务的协同优化。

在方法设计上，本章将首先介绍这一统一学习架构的总体架构，包括其核心组成部分和工作原理。随后，深入解析超分辨率网络在该架构中的作用，特别是如何通过注意力感知一致性和预测一致性的正则化机制，有效引导超分辨率网络恢复与人脸表情识别密切相关的判别性特征。同时，也将阐述人脸表情识别网络是如何从超分辨率网络恢复的图像中提取更准确的表情特征，进而提高识别准确性的。

6.4.1　总体设计

我们提出的超分辨率人脸表情识别架构有两个主要目标：一是提高退化表情图像的分辨率并恢复细节信息，二是提取增强表情图像的特征并进一步进行表情识别。我们所设计的架构以低分辨率表情图像作为输入，输出增强图像的预测结果。如图6-1所示为我们提出的超分辨率人脸表情识别架构。

该架构由两个主要部分组成：超分辨率网络和人脸表情识别网络。超分辨率网络的职责是将输入的低分辨率图像重构为超分辨率图像。而人脸表情识别网络则包括两部分：预训练的人脸表情识别网络和可学习的人脸表情识别网络。其中，预训练的人脸表情识别网络是在正常分辨率人脸表情图像上进行预训练过的，被用来指导可学习的人脸表情识别网络的优化过程；可学习的人脸表情识别网络主要负责对获得的超分辨率图像进行表情分类。具体来说，给定一个低分辨率表情图像 $I^{\mathrm{LR}} \in \mathbb{R}^{3 \times H \times W}$（$H$ 和 W 是图像的高度和宽度），超分辨率网络通过估计恢复图像与原始表情图像之间的误差来重建特定尺度的超分辨率图像 $I^{\mathrm{SR}} \in \mathbb{R}^{3 \times H \times W}$，如退化 2～4 倍（×2、×4、×6）的恢复图像。然后将增强图像输入人脸表情识别网络以获得预测结果，并利用梯度反向传播将预测结果与真实标签之间的差距反馈给超分辨率网络。随后，超分辨率网络将根据两个人脸表情识别网络提供的反馈信息进行自适应调整，最终恢复出满足要求的图像。另外，多重损失信息从人脸表情识别网络输入超分辨率网络，以充分发挥该架构的性能；同时，超分辨率网络输出的增强结果可以为可学习的人脸表情识别网络提供更有意义的特征，促使其获得更好的识别结果。在推理阶段，将舍弃预训练人脸表情识别网络，仅采用超分辨率网络与可学习的人脸表情识别网络来识别低分辨率的人脸表情图像。

该架构首先对接收到的低分辨率人脸表情图像 I^{LR} 进行超分辨率处理，以获得增强的超分辨率图像 I^{SR}，其数学表达式为

$$I^{SR} = SRNet(I^{LR}; \theta_{SR}) \tag{6-2}$$

式中，$SRNet$ 表示图像超分辨率网络（本章采用基于 GAN 的超分辨率方法）；θ_{SR} 表示超分辨率网络的参数。

增强的超分辨率图像将直接传输到可学习的人脸表情识别网络，用于特征提取和人脸表情识别，其数学表达式为

$$I_{out} = FERNet(I^{SR}; \theta_{FER}) \tag{6-3}$$

式中，I_{out} 表示表情识别的结果，其通常表现为多个表情类别的概率。$FERNet$ 指人脸表情识别网络；θ_{FER} 表示人脸表情识别网络的参数。

我们提出的超分辨率人脸表情识别架构中，超分辨网络的作用类似于增强退化表情图像的预处理过程，只是该预处理过程是可学习的。此外，这两个任务是级联的，这使得它们之间存在直接联系。因此，表情信息可以为超分辨率网络的优化提供指导，使得超分辨率网络可以更加专注于表情识别任务所需的判别性特征，从而进一步提高识别效果。同样，更好的识别结果也能为超分辨率网络提供更有用的指导。通过对这两项任务的反复优化，可以提高低分辨率人脸表情识别网络的性能。

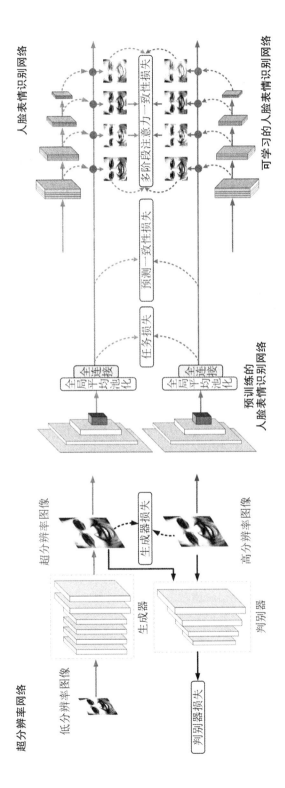

图 6-1 超分辨率人脸表情识别架构

6.4.2 超分辨率人脸表情识别架构的联合损失函数

虽然超分辨率技术能在一定程度上恢复表情图像中的细节信息，但这并不足以完全满足人脸表情识别的需求，特别是在恢复对识别任务至关重要的判别信息方面。普通超分辨率任务所用的损失函数可能不适合人脸表情识别的特定需求。因此，为了同时优化这两个任务，我们采用一种联合损失函数。如图6-1所示，我们设计了一种特殊的联合损失函数来训练超分辨率人脸表情识别架构，这种联合损失整合了来自超分辨率任务的损失和来自人脸表情识别的多种高级视觉损失。下面将分别介绍超分辨率网络和人脸表情识别网络所采用的损失函数。

本章采用的是基于生成对抗网络（GAN）的超分辨率架构，因此超分辨率任务的损失由生成器G的损失和判别器D的损失组成。生成器G的目标是产生能够欺骗判别器D的图像，通常通过感知损失、像素级损失和对抗损失进行优化。而判别器D的职责是判断生成器G产生的图像的真实性，一般使用对抗损失来优化。超分辨率任务的损失$\mathcal{L}_{SR}$可以表达为式（6-4）～（6-7）。

$$\mathcal{L}_{SR} = \mathcal{L}_D + \mathcal{L}_G \tag{6-4}$$

$$\mathcal{L}_D = -\mathbb{E}_{I^{NR}}\left\{\log\left[D(I^{NR}, I^{SR})\right]\right\} - \mathbb{E}_{I^{NR}}\left\{\log\left[1 - D(I^{SR}, I^{NR})\right]\right\} \tag{6-5}$$

$$\mathcal{L}_{GA} = -\mathbb{E}_{I^{NR}}\left\{\log\left[1 - D(I^{NR}, I^{SR})\right]\right\} - \mathbb{E}_{I^{SR}}\left\{\log\left[D(I^{SR}, I^{NR})\right]\right\} \tag{6-6}$$

$$\mathcal{L}_G = \mathcal{L}_p + \omega_1\mathcal{L}_{GA} + \omega_2\left\|I^{NR}, I^{SR}\right\| \tag{6-7}$$

式中，$\mathcal{L}_G$和$\mathcal{L}_D$分别表示超分辨率网络中生成器G和判别器D的损失；$\mathcal{L}_{GA}$表示生成器的对抗损失；$\mathcal{L}_p$表示感知损失，来自ESRGAN[137]；I^{NR}和I^{SR}分别表示正常分辨率图像和恢复的超分辨率图像；ω_1和ω_2表示平衡因子，根据原始论文[137]分别设置为5×10^{-3}和1×10^{-2}。

　　本章的核心目标是通过将超分辨率和人脸表情识别任务级联起来，帮助超分辨率网络恢复表情图像中的关键细节和判别特征。超分辨率网络能够改善图像的细节表现，但其在恢复判别性特征方面依赖于人脸表情识别网络的反馈。在人脸表情识别领域，分类损失是一种常见的方法，它根据预测结果与真实标签之间的交叉熵损失来优化网络参数。当超分辨率网络的输出与人脸表情识别网络联合更新时，超分辨率网络产生的图像预测结果与真实情况之间的误差可以及时以梯度的形式反馈回超分辨率网络，从而有助于优化生成过程。具体来说，若超分辨率网络生成的图像在人脸表情识别过程中因缺少关键细节导致预测结果与真实标签不符，则这种误差可能包含超分辨率图像中缺失或不准确的表情特征信息。这是一种特定于所属类别的高层语义信息。在训练过程中，将这种误差反馈给超分辨率网络可以指导网络学习恢复对人脸表情识别至关重要的高层特征，进而提升生成图像的整体质量。总的来说，本章提出的方法旨在确保超分辨率网络不仅提高图像的分辨率，还能保留并强调对人脸表情识别关键的高层语义特征。通过提供超分辨率网络生成图像的预测结果与真实标签之间的误差，实际上是引导超分辨率网络在处理过程中关注这些高层视觉特征。这种方法使得超分辨率网络对重要的表情特征更为敏感，同时提高图像的分辨率，从而生成更适合人脸表情识别任务的图像。

　　为了弥补单纯依靠分类损失对超分辨率网络指导可能带来的局限性，本章探讨了一种方法，使超分辨率网络能够更全面地认识其生成图像与原始高分辨率图像在高层视觉信息方面的差异。这是因为，尽管分类损失能够在一定程度上帮助超分辨率网络恢复判别性特征，但这种基于高层语义信息（如标签）的特征恢复过程相对抽象。换言之，虽然人脸表情识别网络对超分辨率生成的图像进行全局性决策并计算分类损失以优化恢复过程，但超分辨率网络通常专注于像素级优化，并不直接了解哪些像素之间的关系能满足人脸表情识别的全局决策需求。我们提出的策略将有助于超分辨率网络更有效地恢复关键的判别性特征，使得生成的超分辨率图像在人脸表情识别的最终决策层面更接近原始高分辨率图像。由此，这不仅提高了超分辨率网络的质量恢复，也增强了人脸表情识别网络在处理恢复图像时的判别能力，实现两个网络任务的协同优化和性能提升。

通过观察人脸表情识别网络的判别过程，人脸表情识别网络在学习过程中会逐渐定位有判别性的人脸表情图像区域。当训练达到收敛时，人脸表情识别网络可以定位识别的关键判别区域。受上述启发，我们考虑通过保持恢复图像和正常分辨率图像之间的一致性来帮助超分辨率恢复某些判别性特征。基于此，本章设计了多阶段注意力感知一致性损失，使得超分辨率能够感知其生成的图像和正常分辨率图像之间在注意力层面上的差异，从而帮助超分辨率恢复某些与注意力相关的判别特征。具体来说，本章基于Guo、Zhou等人[152-153]的工作引入了类激活映射（CAM）技术来获取输入图像的注意力图。该技术可以定位人脸表情识别模型在输入图像上感知的特征区域。然后，分别在多个阶段计算预训练的人脸表情识别网络中的正常分辨率图像以及未预训练的人脸表情识别网络中的超分辨率图像的注意力图，以更全面地评估恢复的超分辨率图像和正常分辨率图像之间的注意力感知一致性。如此一来，在级联架构的训练过程中，超分辨率网络可以尽可能优化其恢复过程，帮助生成的图像逐渐感知与正常分辨率图像相似的注意区域，确保重建图像中包含对人脸表情识别至关重要的判别性特征，实现对人脸表情识别任务特定需求的更好适应。

在人脸表情识别网络中，本章将从全连接层（FC）之前的中间级卷积层提取的特征图表示为 $F \in \mathbb{R}^{C \times H \times W}$（$C$、$H$、$W$ 分别表示特征图的通道数、高度和宽度），得到的注意力图为

$$A_{i,j}^k = \sum_{c=1}^{C} W(k,c) F_{i,j}^C \tag{6-8}$$

式中，$A_{i,j}^k$ 表示表情图像类别索引 k 在位置 (i,j) 的注意力值。根据式（6-8），可以在人脸表情识别网络中计算恢复图像的注意力图 A^{SR} 和正常分辨率图像的注意力图 A^{NR}。

由此，通过计算提取的注意力图之间的差异来评估恢复图像和正常分辨率图像之间的注意力感知一致性。为了保持多个阶段的注意力感知一致性，本章从人脸表情识别网络中选择多尺度特征来计算注意力图，从而构建多阶段注意力感知一致性（MSAC）损失函数。多阶段注意力感知一致性损失$\mathcal{L}_{\text{MSAC}}$的数学表达式为

$$\mathcal{L}_{\text{MSAC}} = \frac{1}{NHW} \sum_{i=1}^{S} \mathcal{L}_2\left(A_{s_i}^{\text{NR}}, A_{s_i}^{\text{SR}}\right) \tag{6-9}$$

式中，H、W分别表示特征图的高度和宽度；N表示人脸表情类别的数量；$A_{s_i}^{\text{NR}}$和$A_{s_i}^{\text{SR}}$分别表示人脸表情识别网络中第s_i阶段计算的正常分辨率图像和恢复图像的注意力图；S表示人脸表情识别网络中的阶段数量。

本章进一步考虑人脸表情识别任务中的预测一致性，以使得超分辨率网络恢复更多判别性特征。理论上，假设超分辨率网络的恢复效果足够好（在人脸表情识别网络的指导下），在这种情况下，其生成的图像的预测结果应与预训练的人脸表情识别网络中正常分辨率图像的预测结果保持高度相似。因此，本章通过设计预测一致性（PC）损失来解决这个问题。具体来说，分别取出人脸表情识别网络中恢复图像和正常分辨率图像的全连接层的输出，然后通过最小化它们之间的均方误差损失，即L2损失（用符号$\mathcal{L}_2$表示）来确保预测一致性。预测一致性损失$\mathcal{L}_{\text{PC}}$的表达式为

$$\mathcal{L}_{\text{PC}} = \frac{1}{BN} \mathcal{L}_2\left(FC\left(F^{\text{SR}}\right), FC\left(F^{\text{NR}}\right)\right) \tag{6-10}$$

式中，B表示单次迭代中的图像数量；N表示人脸表情类别的数量；F^{SR}和F^{NR}分别表示人脸表情识别网络从恢复图像和正常分辨率图像中提取的表情特征。因此，来自人脸表情识别网络的最终损失函数为

$$\mathcal{L}_{\text{FER}} = \mathcal{L}_{\text{task}} + \omega_a \mathcal{L}_{\text{MSAC}} + \omega_p \mathcal{L}_{\text{PC}} \tag{6-11}$$

式中，$\mathcal{L}_{\text{task}}$表示基于交叉熵的分类损失；$\omega_a$、$\omega_p$表示平衡系数。

基于以上两个网络，可以得到训练整体架构的联合损失$\mathcal{L}_J$，为

$$\mathcal{L}_J = \mathcal{L}_{\text{SR}} + \mathcal{L}_{\text{FER}} \tag{6-12}$$

6.4.3 超分辨率人脸表情识别架构的联合训练策略

总的来说，为了有效地训练我们提出的超分辨率人脸表情识别架构，设计了一种联合训练策略来优化架构中的两个任务。本章的联合训练策略旨在协调和优化超分辨率人脸表情识别架构中的两项关键任务：超分辨率图像生成和人脸表情识别。这一策略确保了两个网络的相互作用和协同进化，其中人脸表情识别网络的误差反馈指导着超分辨率网络的优化过程。具体地，此策略的伪代码如下。

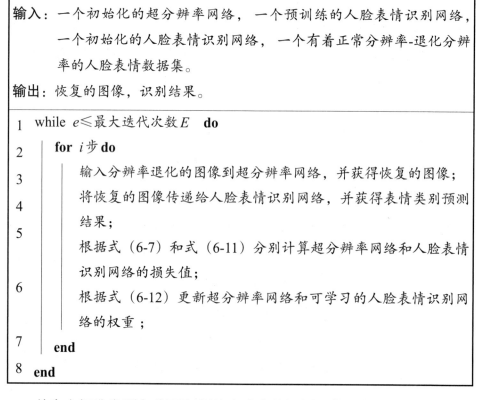

算法6-1　超分辨率与人脸表情识别任务的联合训练策略。
输入：一个初始化的超分辨率网络，一个预训练的人脸表情识别网络，一个初始化的人脸表情识别网络，一个有着正常分辨率-退化分辨率的人脸表情数据集。
输出：恢复的图像，识别结果。

```
1  while e≤最大迭代次数 E   do
2      for i 步 do
3          输入分辨率退化的图像到超分辨率网络，并获得恢复的图像；
4          将恢复的图像传递给人脸表情识别网络，并获得表情类别预测结果；
5          根据式（6-7）和式（6-11）分别计算超分辨率网络和人脸表情识别网络的损失值；
6          根据式（6-12）更新超分辨率网络和可学习的人脸表情识别网络的权重；
7      end
8  end
```

首先在标准光照条件下预训练人脸表情识别网络，然后在此基础上，

利用预训练网络和可学习网络之间的误差来指导超分辨率网络和可学习人脸表情识别网络的进一步训练。

在这个优化过程中，只有超分辨率网络和可学习的人脸表情识别网络的权重会更新，而预训练的人脸表情识别网络则保持固定。这种设置允许可学习的人脸表情识别网络感知与预训练网络之间的差异，并借助超分辨率网络的调整来逐步提升其性能。超分辨率网络则在自身的损失函数和人脸表情识别网络提供的高级视觉损失（包括分类损失、多阶段注意力感知一致性损失和预测一致性损失）的双重监督下进行优化。这种联合训练机制不仅提升了超分辨率图像的质量，还确保了这些图像包含对人脸表情识别至关重要的高级特征，实现了超分辨率和人脸表情识别任务的有效整合。

6.5 实验结果与分析

本节将详细介绍所进行的实验评估和相关实施细节。先概述用于评估的人脸表情识别数据集。随后，通过在这些数据集上的实验，验证本章提出的超分辨率人脸表情识别架构的有效性，并探究该架构是如何增强低分辨率图像的人脸表情识别性能的。为了全面评估所提出方法的性能，本节还包含多个评估实验，这些实验对比了不同的低分辨率人脸表情识别技术。最后进行了若干消融实验，以展示本章设计的特定损失函数对整体架构性能提升的效果。

6.5.1 实验数据集

本章的实验评估主要依托两个广泛使用的人脸表情识别数据集：FER-Plus[34]和RAFDB[35]。与之前不一样的是，本章分别对FERPlus和RAFDB两个数据集进行了多倍率的分辨率退化（从×2到×16倍），以此来获得不同低分辨率的表情图像。

6.5.2 实验实施细节

我们提出的超分辨率人脸表情识别架构处理RGB格式的低分辨率表情图像，以输出其识别结果。实验采用双三次插值方法对高质量人脸表情图像进行分辨率退化处理，生成不同级别的低分辨率图像。原始图像分辨率设为100×100 ppi，通过应用从×2到×16的退化因子，模拟多个级别的低分辨率人脸表情图像。图6-2展示了不同分辨率退化级别的人脸表情图像示例。

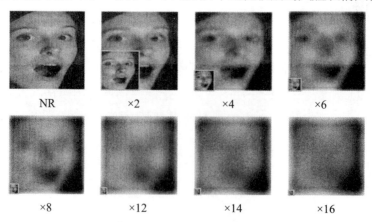

图6-2　RAFDB数据集上的正常分辨率图像以及从×2到×16倍的
不同下采样因子的分辨率退化图像

在人脸表情识别阶段，遵循常规方法，使用ResNet-18[43]架构作为特征提取和识别的人脸表情识别网络。每次迭代的批量大小设置为64，采用Adam优化器，学习率设为0.000 3，模型总共训练100个epoch。作为超分辨率网络，选用ESRGAN[137]，由Adam优化器训练，学习率为0.000 5。实验中经验性设置 ω_a 、ω_p 的值为1、1。所有实验均在搭载 Pytorch 1.7.1 的 Ubuntu18.04LTS 操作系统工作站上进行，配置为 3.70GHzi7-8700KCPU 和 1×32GV100GPU。

为综合评估不同训练方案的表现，本章考虑以下实验。

（1）bicubic：人脸表情识别网络在分辨率退化的人脸表情图像上进行训练和测试。这些图像在训练前通过双三次插值进行上采样。该设置可以被视为比较的基线。

（2）NL-FER：人脸表情识别网络在正常分辨率人脸表情图像上进行训练，但在分辨率退化的人脸表情图像上进行测试。在测试之前，这些图像通过双三次插值进行上采样。

（3）NN-FER：人脸表情识别网络在正常分辨率人脸表情图像上进行训练和测试。

（4）PSR-FER：超分辨率网络由在正常分辨率人脸表情图像上预先训练的人脸表情识别网络指导训练。

（5）SSR-FER：人脸表情识别网络和超分辨率网络是分开训练的。人脸表情识别网络的输入是经过超分辨率网络增强的表情图像。

（6）NSR-FER：人脸表情识别网络和超分辨率网络在分辨率退化的表情图像上进行联合学习。这两个网络都使用所提出的联合损失进行训练，并且超分辨率网络没有在正常分辨率人脸表情图像上进行预训练。

（7）SR-FER：这是我们提出的人脸表情识别网络和超分辨率网络在分辨率退化的表情图像上联合学习。两个网络均使用所提出的联合损失进行训练，超分辨率网络先在正常分辨率人脸表情图像上进行预训练。

6.5.3 基础对比实验

基础对比实验主要对我们提出的联合超分辨率与人脸表情识别的联合学习方法进行验证，探索其在联合学习前后的性能变化。

本部分重点探讨超分辨率任务对人脸表情识别的影响，以及这种影响是如何增强人脸表情识别网络在低分辨率条件下的性能的。由于超分辨率任务恢复的结果是否有利于人脸表情识别，人眼可能无法直观判断，所以考虑对不同图像在人脸表情识别网络中的特征图进行可视化处理，来评估模型的特征提取能力的变化。具体而言，我们架构引导下的超分辨率结果、正常分辨率图像、低分辨率图像以及未经本架构引导的超分辨率结果均被输入人脸表情识别网络中，以提取不同阶段的特征图。其中，正常分辨率图像的特征图作为标准参考。这样的实验设置旨在评估人脸表情识别网络在处理不同图像时的表现。图6-3展示了相关的实验结果。

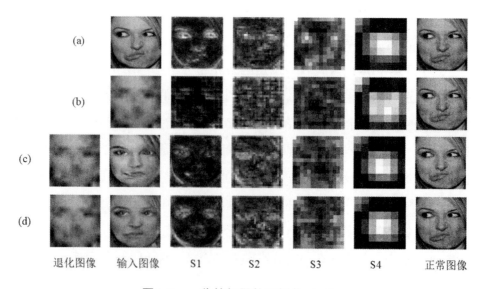

图6-3 一些特征图的可视化（×8）

图6-3中的（a）行是对于正常分辨率人脸表情图像的特征图可视化，
（b）行是低分辨率人脸表情图像特征图的可视化，（c）行是在没有采用我
们提出的架构的情况下恢复的超分辨率人脸表情图像的特征图的可视化，
（d）行是使用我们提出的架构恢复的超分辨人脸表情图像的特征图的可视
化。S1、S2、S3、S4列分别表示人脸表情识别网络中的四个阶段（残差
块）。需要说明的是，图6-3中的（a）（b）行的输入分别为：正常分辨率人
脸表情图像和分辨率退化的人脸表情图像。而图6-3中的（c）（d）行的输
入分别是：相应的超分辨率方法处理后的超分辨率图像（针对分辨率退化
的人脸表情图像）。

如图6-3（b）行所示，人脸表情识别网络难以在原始低分辨率图像上
有效提取到所需的判别特征，特别是在网络的早期阶段。然而，如图6-3
（c）行所示，未经本架构引导的超分辨率图像能够提取更多辨别力强的特
征，这些特征的重要性通过突出显示区域的颜色深度体现。这表明人脸表
情识别网络能从超分辨率图像中提取出更多有价值的特征，从而有潜力提升
人脸表情识别网络的识别性能。在（d）行中，通过使用我们提出的方法，
人脸表情识别网络进一步提取到了更接近正常分辨率图像的重要特征，显
示出本方法的潜力更大。因为它生成的超分辨率人脸表情图像含有更多信
息，使得人脸表情识别网络更有可能提取到有用的判别特征。

通过上述实验可以得出，我们提出的架构和单独的超分辨率网络方法
均有助于恢复人脸表情图像的细节，从而为人脸表情识别网络提供关键判
别特征。四个阶段的特征可视化显示，使用我们提出的架构恢复的超分辨
率图像的效果更好，且人脸表情识别网络能在恢复的表情图像的某些区域
特征（例如S1阶段中鼻子和唇角的突出区域颜色较深）获得较大响应。这
说明使用我们提出的方法后，恢复图像与正常分辨率图像间的特征差异减
少，有助于人脸表情识别网络获得更佳的识别结果。

为了全面评估我们提出的超分辨率人脸表情识别方法对人脸表情识别

任务的影响，在RAFDB和FERPlus数据集上进行了详细的定量性能分析，结果分别列在表6-1和表6-2中。

表6-1　bicubic、SSR-FER及SR-FER方法在多个退化尺度的RAFDB数据集上的识别准确率对比

方法	识别准确率/%							
	×2	×4	×6	×8	×10	×12	×14	×16
bicubic	88.14	84.78	79.76	76.47	73.08	70.24	66.30	62.71
SSR-FER	88.20	85.56	80.28	77.15	73.70	70.37	66.75	62.84
Ours(SR-FER)	88.72	86.15	82.01	79.07	75.52	70.89	66.98	63.10

表6-2　bicubic、SSR-FER及SR-FER方法在多个退化尺度的FERPlus数据集上的识别准确率对比

方法	识别准确率/%							
	×2	×4	×6	×8	×10	×12	×14	×16
bicubic	84.40	82.08	76.83	73.59	71.94	68.42	66.01	62.21
SSR-FER	84.40	82.34	77.12	74.28	72.28	68.74	66.37	62.16
Ours(SR-FER)	84.46	82.89	77.91	75.41	73.62	69.96	67.70	63.53

在表6-1所列结果中，多种退化级别下的SSR-FER方法略优于基准的bicubic方法。特别是在退化尺度小于×8的情境下，SSR-FER表现出较强的竞争力。但是，当退化尺度超过×8时，其性能优势减弱。这表明，尽管单独训练的超分辨率网络能够在一定程度上恢复视觉效果，但无法有效恢复人脸表情识别所需的判别性特征，特别是在大退化尺度条件下。它们在恢复人脸表情识别所需的关键判别性特征方面存在局限。缺乏人脸表情识别任务的直接引导可能导致超分辨率网络过度专注于不重要的特征，进而影响生成图像在人脸表情识别阶段的效果。与此相反，我们提出的联

合学习方法在各种分辨率退化条件下均显示出较好的性能提升，超过了bicubic 方法和 SSR-FER 方法，但在较大的退化尺度下，性能改进的空间呈现减小的趋势。

在 FERPlus 数据集上的测试结果（见表6-2），与在 RAFDB 上的测试结果相似。独立训练的超分辨率网络和人脸表情识别网络的表现略优于bicubic 方法，但仍低于我们提出的联合学习方法。整体而言，这些结果表明，虽然独立训练的方法可以在一定程度上帮助超分辨率网络恢复包含更多信息的图像，但这些信息可能不完全符合人脸表情识别的需求。相比之下，我们提出的方法在面对多个分辨率退化级别的情况下显示出更好的效果，表明该方法能够帮助超分辨率网络为识别任务恢复更多关键的判别性特征，从而使人脸表情识别网络能够有效提取并利用这些关键特征，提高其识别性能。

本小节还进一步评估了所提出的联合学习方法在多个评估指标上的表现，结果见表6-3。

表6-3　bicubic、SSR-FER 及 SR-FER 方法在低分辨率 RAFDB（×8）数据集上的
召回率、F1值、识别准确率表现情况

方法	召回率/%	F1值	识别准确率/%
bicubic	76.47	75.73	76.47
SSR-FER	77.15	76.72	77.15
Ours（SR-FER）	79.07	78.56	79.07

SR-FER 方法在低分辨率 RAFDB（×8）数据集上的表现与传统的bicubic 方法和 SSR-FER 方法相比，有一定的改进。具体来说，与 bicubic 方法相比，SR-FER 方法将召回率提高了 2.60%，F1值提高了 2.83%，准确率提高了 2.60%。与 SSR-FER 方法相比，SR-FER 方法将召回率提高了 1.92%，F1值提高了 1.84%，准确率提高了 1.92%。

这些显著的提升不仅证明了我们提出的方法在低分辨率图像中准确识别面部表情的能力，还突显了其在实际应用场景中的适用性和有效性，特别是在获取高分辨率图像较为困难的情境下。

　　本小节的实验进一步对所提出方法中的人脸表情识别阶段的两个关键损失模块——多阶段注意力感知一致性（MSAC）和预测一致性（PC）损失进行了深入评估。多阶段注意力感知一致性和预测一致性旨在促使超分辨率任务生成的图像与正常分辨率图像在注意力感知位置和预测结果方面保持一致。具体来说，在所提出的架构的指导下，超分辨率网络和人脸表情识别网络可以更有方向性地学习，从而使超分辨率网络能够恢复与注意力相关和与预测相关的判别特征。这些特征都是有助于人脸表情识别任务的。因此，恢复的人脸表情图像在高层视觉信息方面可以更接近正常分辨率图像。本章通过可视化不同类型图像在不同阶段的CAM[153]来评估所提出的多阶段注意力感知一致性。结果如图6-4所示。图6-4中的（a）行是低分辨率表情图像的CAM可视化，（b）行是在没有使用我们提出的架构的情况下恢复的超分辨率人脸表情图像的CAM可视化，（c）行是使用我们提出的架构恢复的超分辨率人脸表情图像的CAM可视化，（d）行是正常分辨率人脸表情图像的CAM可视化。

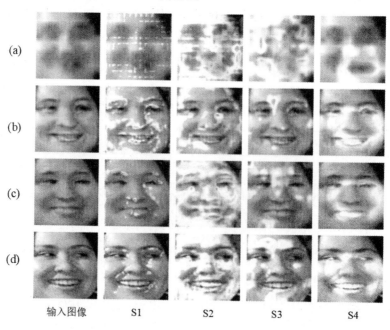

图6-4　低分辨RAFDB（×8）数据集上一些CAM可视化结果

最终的可视化结果表明：

（1）人脸表情识别网络能够将注意力关注于每个输入图像中的关键区域，并且最后阶段的注意力对表情识别非常重要。

（2）人脸表情识别网络仍然可以感知低分辨率图像的某些区域来执行识别任务。然而，由于低分辨率图像丢失了很多重要信息，人脸表情识别网络对关键区域无法给予足够的关注。

（3）人脸表情识别网络对于没有采用所提出的架构恢复的图像也能感知较为重要的区域，这与低分辨率人脸表情图像相比是一个很大的改进。对于使用本章所提出的架构恢复的图像，人脸表情识别网络与前两种方法相比有显著的改进，因为它不仅关注更多的区域，而且更加关注判别性特征更集中的区域。

（4）独立训练的超分辨率网络与传统的上采样方法相比，其表现更好，并且可以恢复更多的判别性特征来服务于人脸表情识别任务。然而，由于缺乏人脸表情识别任务的指导信息，其恢复性能受到限制。相比之下，我们提出的方法对于人脸表情识别任务具有更大的应用潜力。

在所提出的架构的指导下，通过最小化恢复图像和正常分辨率图像之间的注意力感知损失来保持它们之间的一致性。超分辨率网络可以尽可能地恢复人脸表情识别认为更加重要的判别性特征，从而有助于进一步提高人脸表情识别的性能。此外，也应该对所提出的预测一致性模块对人脸表情识别任务的影响进行评估。对于预测一致性来说，通常是观察用于预测的预测向量是否与正常分辨率图像的预测向量保持一致，由此本章考虑用预测向量的数据分布可视化图来观察预测一致性模块的影响。如图6-5所示，使用T-SNE[154]方法在可视化RAFDB数据集上测试样本的特征分布。

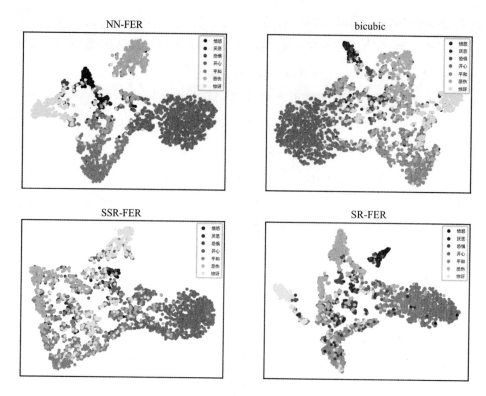

图6-5 低分辨RAFDB（×8）数据集上的测试样本的特征可视化

可以看出，bicubic方法的聚类效果较弱，这种情况下的人脸表情识别网络对于某些类别（例如愤怒）没有做出合理的决策。而SSR-FER方法的特征分布预测优于bicubic方法（但仍然存在一些误差）。由此可以看出，人脸表情识别网络更有机会对超分辨率图像做出合理的决策。对于我们提出的方法，其特征分布与NN-FER比较接近，并且大多数类别的特征聚类效果较好。这表明采用我们提出的方法训练的超分辨率网络可以产生对人脸表情识别任务更有利的结果，从而提高人脸表情识别网络对大多数生成结果的决策能力。虽然SSR-FER方法的聚类结果与NN-FER方法比较接近，但与具体类别的聚类结果存在一定的偏差。而bicubic方法则在几个类别之间的聚类结果上没有表现出明显的区别。实验结果表明，独立训练的超分辨率方法确实可以在一定程度上帮助低分辨率表情图像恢复有用的判别特征，并使得人脸表情识别网络将它们映射到更合适的特征分布。总的而言，我们提出的方法优于基线和独立训练方法，表明引入合理的联合学习方法（预测一致性模块）可以进一步提高人脸表情识别模型的性能。

　　为了尽可能从多个层面评估我们提出的SR-FER方法，本节展示了不同训练方案在低分辨率人脸表情识别任务上的性能。因为这些不同的训练方案代表着不同的联合方式，由此可以通过实验来确定哪些训练方案是合理的，哪些是没有必要的。如图6-6所示为从分类准确度的角度对NL-FER、PSR-FER、NSR-FER以及我们提出的SR-FER方法进行比较的结果，以观察在不同分辨率退化情况下这些方法对人脸表情识别任务性能的影响。

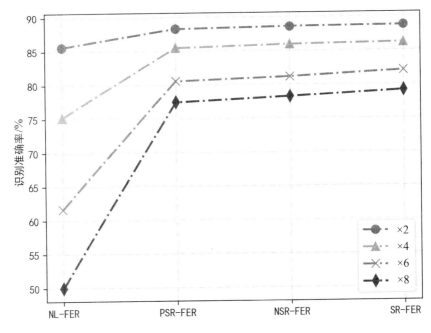

图6-6　不同训练方法在低分辨率RAFDB数据集（×8）上的识别准确率对比

实验结果揭示：

（1）在多种分辨率退化场景下，NL-FER方法的性能不如其他方法，这表明单独在正常分辨率的人脸表情图像上训练的人脸表情识别模型在处理低分辨率图像时面临一定的挑战。

（2）与此相比，PSR-FER和NSR-FER方法以及我们提出的SR-FER方法都显示出不同程度的性能改进。PSR-FER方法的实验结果表明，利用预训练的人脸表情识别模型指导超分辨率任务的优化是有效的，这使得超分辨率模型能够恢复更适合人脸表情识别的特征。NSR-FER方法的实验结果进一步证明，结合预训练的人脸表情识别模型和可学习的人脸表情识别模型，并引入我们提出的损失模块，可能会进一步提升人脸表情识别的性能。

（3）我们提出的SR-FER在所有方法中展现出最好的准确度性能，表明通过预训练的超分辨率模型，结合提出的联合学习策略，可以在低分辨率人脸表情识别任务上取得一定的性能提升。

总的来说，融合超分辨率和人脸表情识别任务的训练策略具有缓解图像分辨率下降所带来的困扰的潜力，并能增强低分辨率人脸表情识别的性能。特别是我们提出的方法，其训练的超分辨率模型恢复的表情图像更有利于人脸表情识别任务，相较于其他方案能够做出更合理的决策。

下面继续对超分辨率技术在人脸表情识别任务中对各个类别的影响进行分析。图6-7展示了在引入超分辨率技术前后，每个人脸表情类别的分类精度变化。NN-FER方法，即在正常分辨率表情图像上训练和测试的方法，作为最终目标；而bicubic方法作为传统插值方法的基线进行比较，因为它使用传统的插值方法在分辨率降低的图像上实现了分辨率增强。

SSR-FER方法的实验结果显示，采用GAN架构的超分辨率方法在愤怒、厌恶、悲伤、惊讶和平和等表情类别上的表现优于基线方法或与基线方法相当。这表明，神经网络驱动的超分辨率技术相比于传统方法能够更好地恢复表情信息，可能更适合人脸表情识别任务。这也暗示，采用先进的超分辨率技术作为低分辨率表情图像的预处理步骤可能对人脸表情识别任务有益。但由于SSR-FER中的超分辨率网络缺乏人脸表情识别任务的指导，它恢复的图像可能无法为人脸表情识别提供更多有用信息。这导致

人脸表情识别任务性能与最终目标仍有更大差距。相反，我们提出的联合学习方法在多个表情类别上提高了识别准确率，表明该方法能够帮助超分辨率网络恢复对人脸表情识别任务决策更加有用的信息，从而提升整体性能。

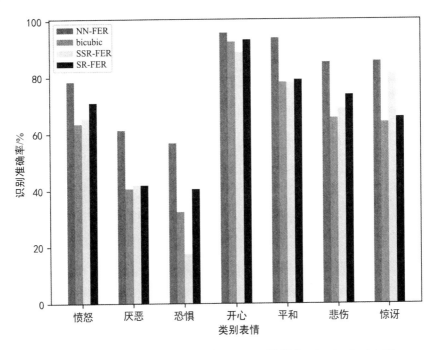

图6-7　不同训练方法在低分辨率RAFDB数据集（×8）上对七种
基本人脸表情类别的识别准确率对比

此外，不同的人脸表情识别算法在不同的表情类别上展现出性能差异。NN-FER方法在高分辨率条件下表现最佳，突显了高分辨率对准确识别表情的重要性。而bicubic方法在所有类别中通常表现不佳，这表明仅增加像素密度而不引入新的、有意义的信息可能不足以提升性能。SSR-FER方法在某些表情类别（如惊讶）中表现良好，可能归因于其在恢复这些表情的典型特征（如张大的眼睛和嘴巴）上的有效性。而我们提出的方法在多个表情类别中展现出更均衡的性能，尤其是在愤怒、开心和平和的表情类别上，显示了其在提高低分辨率图像中进行表情识别方面的有效性。然而，它在某些表情类别（如惊讶）中的表现相对较差，这可能表明即使在提高了分辨率后，某些关键表情特征的恢复仍具挑战性。这些结果强调了在提升分辨率的同时保留关键表情特征，以及针对不同表情类别进行特定优化的重要性。

6.5.4 消融实验

在本小节中，对我们所提出的损失函数模块进行解耦和深入探讨，以评估它们在人脸表情识别任务中的有效性和贡献。我们提出的 SR-FER 方法使用不同损失函数 L_{SR}、L_{task}、L_{MSAC} 和 L_{PC} 在低分辨率 RATDB（×8）数据集上对人脸表情识别的影响（见表6-4）。仅包含 L_{task} 的实验使用双三次插值算法来实现图像分辨率增强，将其视为基线方法。这些实验数据显示，各个损失函数对人脸表情识别性能产生了不同程度的影响。具体来说，引入超分辨率技术后，人脸表情识别的性能从76.47%提高到77.90%，表明引入超分辨率技术有利于人脸表情识别。在此基础上，随着 L_{MSAC} 的引入，人脸表情识别的性能进一步从77.90%提升到78.78%。这表明所设计的多阶段注意力感知一致性损失对人脸表情识别任务是有效的。它可以帮助超分辨率技术生成的图像在注意力感知方面逼近原始的正常分辨率图像。同样，引入 L_{PC} 可以帮助将人脸表情识别性能从76.47%提高到78.39%，这表明保持恢复图像和正常分辨率图像之间的预测一致性也可以促进人脸表情识别。通过将所有损失函数纳入带有人脸表情识别的超分辨率的优化过程中，人脸表情识别性能提高到79.07%，这有助于低分辨率人脸表情识别方法取得更显著的进步。这些实验结果表明，超分辨率技术及注意力感知一致性和预测一致性损失的引入均能有效提升低分辨率人脸表情识别的性能，其中注意力感知一致性和预测一致性损失的贡献更为显著。

表6-4　SR-FER使用的损失函数在低分辨率RAFDB（×8）数据集上的识别准确率

L_{SR}	L_{task}	L_{MSAC}	L_{PC}	识别准确率/%
×	√	×	×	76.47
√	√	×	×	77.90
√	√	√	×	78.78
√	√	×	√	78.39
√	√	√	√	79.07

此外，还评估了不同测量方法对人脸表情识别任务的影响，实验结果见表6-5。表6-5中的实验结果表明，L1或L2损失均可作为有效的估计方法，其中L2损失在提高人脸表情识别性能方面更为有效。

表6-5　SR-FER使用的损失函数的不同测量方法在低分辨率RAFDB（×8）数据集上的识别准确率对比

损失函数	测量方法		识别准确率/%
	L1	L2	
L_{MSAC}	√	×	78.65
L_{PC}	×	√	
L_{MSAC}	×	√	78.88
L_{PC}	√	×	
L_{MSAC}	√	×	78.55
L_{PC}	√	×	
L_{MSAC}	×	√	79.07
L_{PC}	×	√	

表6-6展示了我们提出的SR-FER方法使用的损失函数在低分辨率RAFDB（×8）数据集上不同平衡因子配置的识别准确率对比。

表6-6　SR-FER使用的损失函数在低分辨率RAFDB（×8）数据集上
不同平衡因子的识别准确率

平衡因子			识别准确率/%
L_{task}	L_{MSAC}	L_{PC}	
1	0.5	0.5	78.19
1	0.5	1	78.62
1	1	0.5	78.94
1	1	1	79.07

通过调整不同损失函数配置，可以看出交叉熵分类损失 L_{task}、多阶段注意力感知一致性损失 L_{MSAC} 和预测一致性损失 L_{PC} 对人脸表情识别任务性能起到关键作用。当 L_{MSAC} 和 L_{PC} 的权重由0.5增加到1时，人脸表情识别准确度逐渐提高，强调了这些损失在指导超分辨率网络恢复关键表情特征方面的重要性，从而缩小了低分辨率域和高分辨率域之间的差距。当所有损失函数平衡加权时，人脸表情识别准确率为79.07%，为最优的人脸表情识别方法，凸显了每个损失函数均衡贡献的必要性。这种平衡表明，任务特定损失 L_{task} 和一致性损失相辅相成，确保超分辨率网络不仅生成高分辨率图像，还能有效恢复准确表情识别所需的关键特征，进而提升人脸表情识别网络的整体性能。

6.5.5　对比实验

为了确保所提出方法的有效性能够得到全面和客观的评估，我们选择了几项当前先进的人脸表情识别研究成果与之进行比较分析。这一比较不仅涵盖了多个不同的研究方法，还包括了在多样化数据集上的表现对比，确保了评估的广度和深度。对比方法涵盖了 DACL[30]、RUL[135]、EAC[86]、DMUE[102]等先进方法。在RAFDB和FERPlus数据集上进行定量性能比较，结果如图6-8所示。实验结果表明，在面对分辨率降低的表情数据集时，大多数现有的人脸表情识别方法的性能显著下降。尤其是在图像分辨率下降的尺度越大时，这种性能下降得更为明显。然而，我们提出的方法在几乎所有分辨率退化条件下，在RAFDB和FERPlus数据集上都展现出最好的识别性能。这些发现强调了在低分辨率条件下结合超分辨率技术和人脸表情识别技术的重要性。我们提出的方法能够有效提升低分辨率图像中的表情识别准确率，为实际应用提供新的思路。

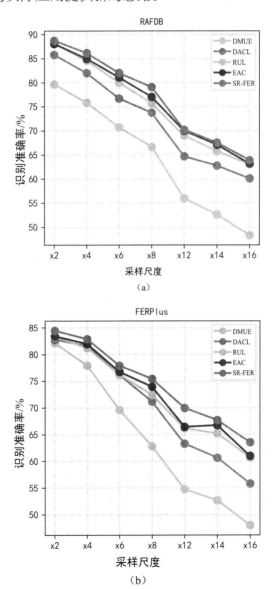

图6-8　SR-FER方法与当前先进方法在不同下采样尺度的RAFDB和
FERPlus数据集上的识别准确率对比

下面通过直接将我们提出的方法与现有的针对低分辨率人脸表情识别任务设计的先进方法进行比较，进一步扩展了实验评估。表6-7展示了SR-FER方法与当前先进方法在RAFDB（×8）数据集上的识别准确率对比结果。综合来看，我们提出的方法在RAFDB数据集上优于其他先进的低分辨率人脸表情识别方法，准确率达到79.07%，不过它需要19.34 G的大量浮点数计算负载和14.21 M的参数量，但性能增益是值得肯定的。其他方法（例如EAC和RUL）也展示了高精度水平，平衡了性能与适当的计算要求。然而，HCNN和FSR-FER等方法尽管性能合理，但计算要求却明显更高。IFSL和TM-gcForest的精度较低，但在计算复杂性和模型大小方面极其轻量。突出了不同方法之间性能和效率之间的权衡。

表6-7　SR-FER方法与当前先进方法在低分辨率RAFDB（×8）数据集上的识别准确率对比

方法	识别准确率/%	浮点数/G	参数/M
IFSL[143]	62.97	0.94	0.13
TM-gcForest[145]	49.8	—	—
HCNN[141]	65.32	14.81	5.73
FSR-FER[142]	65.97	38.85	2.40
[146]	70.96	1.82	11.18
RUL[135]	75.68	1.82	12.78
DACL[30]	73.73	1.91	103.04
DMUE[102]	66.69	1.82	78.36
EAC[86]	77.02	1.82	11.18
Ours(SR-FER)	79.07	19.34	14.21

表6-8展示了SR-FER方法与当前先进方法在FERPlus（×8）数据集上的识别准确率对比结果，也显示出与在RAFDB数据集上一致的实验结果。无论是传统方法，还是结合超分辨率的方法，或是用于常规人脸表情识别任务的方法，它们都有自己特定的优点。我们提出的方法在精度上具有一

定的优势。实际上，这些实验强调了低分辨率人脸表情识别任务解决方法的多样性，从轻量级模型到计算密集型模型，为未来的研究和特定应用的优化提供了见解。

表6-8　SR-FER方法与当前先进的低分辨方法在低分辨率FERPlus（×8）数据集上的识别准确率对比

方法	识别准确率/%	浮点数/G	参数/M
IFSL[143]	60.16	0.94	0.13
TM-gcForest[145]	47.41	—	—
HCNN[141]	62.08	14.81	5.73
FSR-FER[142]	61.50	38.85	2.40
[146]	71.87	1.82	11.18
RUL[135]	72.43	1.82	12.78
DACL[30]	71.15	1.91	103.04
DMUE[102]	62.79	1.82	78.36
EAC[86]	73.93	1.82	11.18
Ours（SR-FER）	75.41	19.34	14.21

我们提出的低分辨率人脸表情识别解决方案通过将超分辨率模型与人脸表情识别模型构建为一个级联结构，使得超分辨率技术能够有效感知并响应人脸表情识别任务所需的关键特征。该方案的优势在于，它没有引入除超分辨率技术以外的额外模块，保持了模型的简洁性。为了评估模型的复杂性，我们使用了两个关键指标：浮点数和参数。根据表6-9中的数据，所有三种配置在采用我们提出的方法后性能都有提升，特别是当采用相对简单的超分辨率模型如SRGAN[151]时（具有较小的参数和浮点数，它的复杂度比ESRGAN[137]和EESRGAN[155]小得多）。该方法在保持较低的复杂度的同时，也能实现性能的提升，这表明所提出的方法不仅可行，而且具有实用性。虽然模型复杂度随着性能的提升而增加，但在精度和复杂度之间达到

了一种平衡。值得注意的是，我们提出的方法增加了人脸表情识别任务独立模型的训练时间和推理时间，这主要是由于引入的超分辨率技术。然而，这种额外的计算消耗可能是值得的，因为超分辨率技术帮助人脸表情识别网络能够有效应对低分辨率环境下的挑战。综合考虑，随着计算技术的不断进步，我们提出的方法的复杂度在可接受范围内，为在识别准确率和计算复杂度之间找到平衡提供了一种有效的途径。

表6-9　SR-FER方法在低分辨率RAFDB（×8）数据集上识别准确率和计算复杂度对比

超分辨率模型	人脸表情识别模型	识别准确率/%		浮点数/G	参数/M	训练轮次
		bicubic	SR-FER			
SRGAN[151]	ResNet-18	76.92	78.32	5.78+1.82	0.73+11.18	100
ESRGAN[137]		77.15	79.07	17.52+1.82	3.03+11.18	100
EESRGAN[155]		77.48	79.11	62.45+1.82	8.59+11.18	100

6.6　本章小结

　　本章我们探讨了超分辨率模型与人脸表情识别任务之间的相互作用，致力于解决改善由于图像分辨率下降而导致的视觉任务性能降低的问题。在现有的研究中，超分辨率模型和高级视觉任务之间的联系通常较弱，这限制了在低分辨率图像中高级视觉任务的性能。我们提出的联合学习架构同时处理了低分辨率表情图像的超分辨率和人脸表情识别任务，通过将人脸表情识别的高级语义信息反馈到超分辨率处理中，实现两者的相互优化。

　　在本章中，超分辨率网络被融入人脸表情识别网络中，旨在提升低分辨率表情图像的细节清晰度和关键特征恢复，从而辅助提高人脸表情识别

的准确度。通过实施多阶段的注意力机制，包括感知一致性模块和预测一致性模块，该方法使得高层的语义信息从人脸表情识别过程中反馈至超分辨率网络，有效促进了图像质量和表情预测准确率的提升。此外，恢复后的高分辨率图像对于人脸表情识别网络来说，提供了更加丰富的信息，帮助网络做出更准确的判断。经过一系列详尽的实验比较，论证了该联合学习架构在处理低分辨率环境下的人脸表情识别问题上表现良好，为相似视觉任务提供了新的解决思路。尽管本章的方法在提升低分辨率图像的人脸表情识别效果方面提供了可行的思路和大量的实验基础，但该领域依旧存在挑战。展望未来，研究方向应集中于结合更多创新技术以进一步提升效果，同时考虑不同的网络架构和策略以实现更好的识别性能。

第七章

总结与展望

7.1 研究总结

　　本书分析了当前人脸表情识别领域中，由于图像质量差异及特定环境因素（如低光照和低分辨率等）导致的人脸表情识别模型性能下降的问题，并提出了相应的解决方案。这些方案不仅提高了人脸表情识别模型在特殊环境下的准确性，也为该领域的应用推广提供了重要支持。

　　全书围绕解决人脸表情识别模型在特殊环境下的难点和挑战，提供了综合的解决方案。首先探讨了人脸表情识别技术在一般环境下的性能挑战，尤其聚焦于图像质量降低和特定环境因素对识别性能的影响。在此基础上，我们提出了多层次特征提取和融合的人脸表情识别方法。该方法通过综合考虑不同层次的特征，并将它们有效地融合，显著提高了人脸表情识别模型在复杂情境中的表现力。针对特征表达的优化，还提出了一种基于视觉变换器的特征增强方法，进一步增强了特征的鲁棒性和表征能力，从而在复杂和变化的环境中保持了模型的稳定性和准确性。在处理低光照条件下的人脸表情识别问题时，我们提出了一种创新的联合学习架构，通过整合低光图像增强技术和人脸表情识别算法，显著提高了模型在低光照条件下的识别精度。此外，针对低分辨率图像所带来的挑战，我们提出了一种结合超分辨率技术的人脸表情识别方法，有效提升了低分辨率图像中的表情特征识别能力。

综合来看，我们提出的各种优化方案对人脸表情识别技术在特殊环境下所面临的挑战提供了有效的解决策略。无论是在低光照，还是在低分辨率的条件下，或是在需要提取和融合多层次特征的情景中，我们的方法均能在一定程度上提升人脸表情识别模型的性能。这些方法不仅在理论上提供了新的研究视角，而且在实践中为人脸表情识别技术的应用提供了有效的工具和方法。未来的研究可以在本书的基础上，进一步探索人脸表情识别技术在更广泛的应用场景中的潜力，特别是在图像质量受限和环境因素复杂的情况下。

7.2 研究展望

我们深入探讨了在多种自然环境下的人脸表情识别问题，提出了针对多层次特征提取、特征增强、低光照条件以及低分辨率情况下的一系列创新解决方案。虽然这些方法都取得了一定进展，但仍有许多问题值得深入探究。首先，目前所使用的数据集质量不够高且在标注一致性方面也存在不足，这可能会影响模型的泛化能力和在实际应用中的表现。未来的研究需要关注提高数据标注的质量和一致性，来确保训练出的模型能够更好地适应不同的应用环境和需求。其次，在受约束环境下，尤其是在动态和多变的实际应用场景中，人脸表情识别的性能仍有提升的空间。未来的研究可以探索在更加复杂的环境中进行人脸表情识别的方法，如在多人、多表情、变化光照和不同文化背景下的表情识别。这不仅需要算法层面的创新，也需要在数据收集和预处理方面进行深入的工作。此外，目前的模型设计还不够轻量化和高效，尤其是在资源受限的环境下。因此，未来的研究将关注模型的优化和轻量化设计，探索如何在保持高识别准确度的同时，减少模型的计算复杂度和存储需求。这将涉及新的网络架构设计、高效的训练策略以及模型压缩和加速技术。

更进一步，我们提出的方法在整合高级语义信息和低级视觉任务方面展示了巨大的潜力。未来的研究将致力于探索如何将更多的高级语义信息有效地融入低级视觉任务中，以提高模型在各种退化条件下的性能，这将涉及深度学习模型的多任务学习、跨模态学习和知识迁移等方面的研究。同时，未来的研究还将更深入地探究高级语义信息对低级视觉任务的具体影响，包括理解不同类型和层次的语义信息是如何影响低级视觉特征的提取和表达的，以及这些信息是如何与特定的视觉任务相结合，以提高识别精度和鲁棒性的。

在未来的研究中，计划开发一种集成自适应选择机制的人脸表情识别系统，旨在进一步提升人脸表情识别系统在多变和复杂环境中的实用性和鲁棒性。该机制基于先进的环境感知技术，能够实时分析包括光照强度、图像分辨率和背景干扰等环境因素，根据这些数据自动选择最合适的识别算法或算法组合。例如，系统在检测到低光照条件时，会自动切换到特定的低光图像处理算法，而在面对低分辨率图像时，则启用超分辨率技术以提取更精确的表情特征。为实现这一目标，可设计一套复杂的决策逻辑，结合机器学习模型，通过环境样本的大规模学习和训练，精确预测在特定环境下最佳的算法选择。此外，系统的实时性是成功实施这一机制的关键，计划优化算法执行框架，确保即使在资源有限的设备上也能快速做出准确的环境评估和算法选择。广泛的测试将在多种真实自然环境下进行，包括在室内外不同光照和背景条件下收集数据，以及模拟复杂情况下的人脸表情识别场景，以验证所提出方法的有效性。实验设计将包括控制环境中人为变化光照和背景复杂度，以及在自然环境中的现场测试，以确保所开发的系统能够在各种条件下都维持高效和准确的表现。此外，实际应用案例的开发将是研究的关键部分。计划与安防监控、智能交互系统等领域的合作伙伴合作，将技术应用于商业解决方案中。通过这些合作，可以有机会获取宝贵的反馈，进一步优化系统，确保它们能够在广泛的应用场景中提供稳定可靠的性能。通过这些深入的研究和开发，期望提升人脸表情识别技术在实际环境中的适应性和实用性，从而更好地满足复杂多变的需求。

另外，未来的工作也将关注模型的可解释性和公平性。随着人工智能技术在社会中的广泛应用，如何确保算法的公平性、透明性和可解释性变得越来越重要。这不仅关系到技术的发展，也涉及伦理道德和社会责任。因此，如何设计既高效又可解释的人脸表情识别模型，将是未来研究的重要方向。考虑到技术的不断进步和应用场景的多样化，未来的研究还可能涉及新的数据类型和模态，如3D人脸数据、多模态感知数据等。这些新的数据类型和技术的结合，将为人脸表情识别领域带来新的机遇和挑战。

总之，本书在多种自然环境下的人脸表情识别方面取得了一定进展，但在数据、算法、模型优化和实际应用等方面仍有许多值得深入探讨和改进的空间。未来的研究将聚焦于这些挑战，以进一步提高人脸表情识别技术的性能、适用性，扩大社会影响。

参考文献

［1］王国胤，张军平，何清，等.中国人工智能发展报告（2019—2020）［M］.北京：机械工业出版社，2020.

［2］LI S, DENG W. Deep facial expression recognition：A survey［J］. IEEE Transactions on Affective Computing,2020,13(3)：1195-1215.

［3］达尔文.人类和动物的表情［M］.周邦立，译.北京：北京大学出版社，2009.

［4］EKMAN P, FRIESEN W V. Facial action coding system［J］. Environmental Psychology & Nonverbal Behavior, 1978,3(1):56-75.

［5］SUWA M, SUGIE N, FUJIMORA K. A preliminary note on pattern recognition of human emotional expression［J］. Proc. IJPR, 1978, 408-410.

［6］MASE K. Recognition of facial expression from optical flow［J］. IEICE TRANSACTIONS on Information and Systems, 1991,E74-D(10):3474-3483.

［7］VIOLA P, JONES M. Rapid object detection using a boosted cascade of simple features［C］// Proceedings of the 2001 IEEE Computer Society Conference on Computer Vision and Pattern Recognition. Seoul,Republic of Korea, 2001:I-I.

［8］XU M, CHEN D J, ZHOU G H. Real-time Face Recognition Based on Dlib［C］// Innovative Computing：IC 2020. Springer,Singapore,2020：1451-1459.

［9］WU B, AI H, HUANG C, et al. Fast rotation invariant multi-view face detection based on real adaboost［C］// Sixth IEEE International Conference on Automatic Face and Gesture Recognition. Seoul,Republic of Korea,2004:79-84.

［10］HUANG C L, HUANG Y M. Facial expression recognition using model-based feature extraction and action parameters classification［J］. Journal of Visual Communication and Image Representation,1997,8(3):278-290.

［11］ COOTES T F, EDWARDS G J, TAYLOR C J. Active appearance models［C］// Computer Vision—ECCV'98：5th European Conference on Computer Vision. Freiburg, Germany, 1998：484-498.

［12］ KWOLEK B. Face detection using convolutional neural networks and gabor filters ［C］// Artificial Neural Networks：Biological Inspirations—ICANN 2005. Berlin, Heidelberg：Spriger,2005：551-556.

［13］ LYONS M, AKAMATSU S, KAMACHI M, et al. Coding facial expressions with gabor wavelets［C］// Proceedings Third IEEE International Conference on Automatic Face And Gesture Recognition. Nare,Japan, 1998：200-205.

［14］ SHAN C, GONG S, MCOWAN P W. Facial expression recognition based on local binary patterns：A comprehensive study［J］. Image and Vision Computing, 2009, 27(6)：803-816.

［15］ LI Z, LIU F, YANG W, et al. A survey of convolutional neural networks：analysis, applications, and prospects［J］. IEEE Transactions on Neural Networks and Learning Systems, 2021, 33(12)：6999-7019.

［16］ COHEN I, SEBE N, GARG A, et al. Facial expression recognition from video sequences：temporal and static modeling［J］. Computer Vision and Image Understanding, 2003, 91(1-2)：160-187.

［17］ 付晓峰. 基于二元模式的人脸识别与表情识别研究［D］. 北京：中国科学院自动化研究所, 2008.

［18］ 徐文晖, 孙正兴. 面向视频序列表情分类的LSVM算法［J］. 计算机辅助设计与图形学学报, 2009, 21(4)：542-548.

［19］ 徐琴珍, 章品正, 裴文江, 等. 基于混淆交叉支撑向量机树的自动面部表情分类方法［J］. 中国图象图形学报, 2008, 13(7)：1329-1334.

［20］ ZHAI H. Research on image recognition based on deep learning technology［C］// 2016 4th International Conference on Advanced Materials and Information Technology Processing（AMITP 2016）. Atlantis Press,2016：266-270.

[21] TERZOPOULOS D, METAXAS D. Dynamic 3d models with local and global deformations: deformable superquadrics[J]. IEEE Transactions on Pattern Analysis and Machine Intelligence, 1991, 13(7):703-714.

[22] LYONS M J, BUDYNEK J, AKAMATSU S. Automatic classification of single facial images[J]. IEEE Transactions on Pattern Analysis and Machine Intelligence, 1999, 21(12):1357-1362.

[23] GU W, XIANG C, VENKATESH Y, et al. Facial expression recognition using radial encoding of local gabor features and classifier synthesis[J]. Pattern Recognition, 2012, 45(1):80-91.

[24] LITTLEWORT G, BARTLETT M S, Fasel I, et al. Dynamics of facial expression extracted automatically from video[C]// 2004 Conference on Computer Vision and Pattern Recognition Workshop. Washington, DC, USA, 2004:80.

[25] SAVRAN A, CAO H, NENKOVA A, et al. Temporal bayesian fusion for affect sensing: Combining video, audio, and lexical modalities[J]. IEEE Transactions On Cybernetics, 2014, 45(9):1927-1941.

[26] DHALL A, ASTHANA A, Goecke R, et al. Emotion recognition using phog and lpq features[C]// 2011 IEEE International Conference on Automatic Face & Gesture Recognition (FG). Santa Barbura, CA, USA, 2011: 878-883.

[27] SUN B, LI LD, ZUO T, et al. Combining multimodal features with hierarchical classifier fusion for emotion recognition in the wild[C]// Proceedings of the 16th International Conference on Multimodal Interaction. Istanbul, Turkey: Association for Computing Machinery, 2014: 481-486.

[28] LUO Y, WU C M, ZHANG Y. Facial expression recognition based on fusion feature of pca and lbp with svm[J]. Optik-International Journal for Light and Electron Optics, 2013, 124(17):2767-2770.

[29] YAO A, CAI D, HU P, et al. Holonet: towards robust emotion recognition in the wild[C]// Proceedings of the 18th ACM International Conference on Multimodal Interaction. Tokyo, Japan: Association for Computer Machinery, 2016: 472-478.

[30] FARZANEH A H, QI X. Facial expression recognition in the wild via deep atten-
tive center loss[C]// Proceedings of the IEEE/CVF Winter Conference on Applica-
tions of Computer Vision. 2021:2402-2411.

[31] SCHROFF F, KALENICHENKO D, Philbin J. Facenet: A unified embedding for
face recognition and clustering[C]// Proceedings of the IEEE Conference on Com-
puter Vision and Pattern Recognition. Boston, MA, USA, 2015: 815-823.

[32] GAO T T, LI H, YIN S L. Adaptive convolutional neural network-based informa-
tion fusion for facial expression recognition[J]. International Journal of Electron-
ics and Information Engineering, 2021, 13(1):17-23.

[33] YANG L, TIAN Y, SONG Y, et al. A novel feature separation model ex-
change-gan for facial expression recognition [J]. Knowledge-Based Systems,
2020, 204:106217.

[34] BARSOUM E, ZHANG C, FERRER C C, et al. Training deep networks for facial
expression recognition with crowd-sourced label distribution[C]// Proceedings of
the 18th ACM International Conference on Multimodal Interaction. Tokyo, Japan,
2016:279-283.

[35] LI S, DENG W, DU J. Reliable crowdsourcing and deep locality-preserving learn-
ing for expression recognition in the wild[C]// Proceedings of the IEEE Conference
on Computer Vision and Pattern Recognition, 2017:2852-2861.

[36] MOLLAHOSSEINI A, HASANI B, MAHOOR M H. Affectnet: A database for fa-
cial expression, valence, and arousal computing in the wild[J]. IEEE Transactions
on Affective Computing, 2017, 10(1):18-31.

[37] HUBEL D H, WIESEL T N. Receptive fields, binocular interaction and functional
archi tecture in the cat's visual cortex[J]. The Journal of Physiology, 1962, 160
(1): 106-154.

[38] FUKUSHIMA K. Neocognitron: A hierarchical neural network capable of visual
pattern recognition[J]. Neural Networks, 1988, 1(2):119-130.

[39] LECUN Y, BOTTOU L, Bengio Y, et al. Gradient-based learning applied to doc-

ument recognition[J].Proceedings of the IEEE, 1998, 86(11): 2278-2324.

[40] KRIZHEVSKY A, SUTSKEVER I, HINTON G E. Imagenet classification with deep convolutional neural networks[J]. Advances in Neural Information Processing Systems, 2012, 25:1097-1105.

[41] SIMONYAN K, ZISSERMAN A. Very deep convolutional networks for large-scale image recognition[C]// 3rd International Conference on Learning Representations (ICLR 2015). Seattle WA, 2015.

[42] SZEGEDY C, LIU W, JIA Y, et al. Going deeper with convolutions[C]// Proceedings of the IEEE Conference on Computer Vision and Pattern Recognition. Boston,Massachusetts USA, 2015: 1-9.

[43] HE K, ZHANG X, REN S, et al. Deep residual learning for image recognition [C]// Proceedings of the IEEE Conference on Computer Vision and Pattern Recognition. Las Vegas,NV,USA, 2016: 770-778.

[44] EKMAN P, FRIESEN W V. Constants across cultures in the face and emotion.[J]. Journal of Personality and Social Psychology, 1971,17(2):124-129.

[45] YANG H, CIFTCI U, YIN L. Facial expression recognition by de-expression residue learning[C]// Proceedings of the IEEE Conference on Computer Vision and Pattern Recognition (CVPR). Salt Lake City,UT,USA, 2018:2168-2177.

[46] WANG K, PENG X, YANG J, et al. Region attention networks for pose and occlusion robust facial expression recognition [J]. IEEE Transactions on Image Processing, 2020, 29:4057-4069.

[47] VO T H,LEE G S,Yang H J,et al. Pyramid with super resolution for in-the-wild facial expression recognition[J]. IEEE Access, 2020,8:131988-132001.

[48] WANG H, LI B, WU S, et al. Rethinking the learning paradigm for dynamic facial expression recognition [C]// Proceedings of the IEEE/CVF Conference on Computer Vision and Pattern Recognition. Vancouver, BC, Canada, 2023: 17958-17968.

[49] SUN Z, ZHANG H, BAI J, et al. A discriminatively deep fusion approach with improved conditional gan (im-cgan) for facial expression recognition[J]. Pattern Recognition, 2023, 135: 109157.

[50] LI H, NIU H, ZHU Z, et al. Intensity-aware loss for dynamic facial expression recognition in the wild[C]// Proceedings of the AAAI Conference on Artificial Intelligence. Bergen, Norway, 2023: 67-75.

[51] LIU C, HIROTA K, Dai Y. Patch attention convolutional vision transformer for facial expression recognition with occlusion [J]. Information Sciences, 2023, 619: 781-794.

[52] LUCEY P, COHN J F, KANADE T, et al. The extended cohn-kanade dataset (ck+): A complete dataset for action unit and emotion-specified expression[C]// 2010 IEEE Computer Society Conference on Computer Vision and Pattern Recognition-Workshops. San Francisco, CA, USA, 2010: 94-101.

[53] LI Y, ZENG J, SHAN S, et al. Occlusion aware facial expression recognition using CNN with attention mechanism[J]. IEEE Transactions on Image Processing, 2018, 28(5): 2439-2450.

[54] FAN Y, LI V, LAM J C. Facial expression recognition with deeply-supervised attention network[J]. IEEE Transactions on Affective Computing, 2020, (4): 1-1.

[55] LI J, JIN K, ZHOU D, et al. Attention mechanism-based cnn for facial expression recognition[J]. Neurocomputing, 2020, 411: 340-350.

[56] CAI J, MENG Z, KHAN A S, et al. Island loss for learning discriminative features in facial expression recognition[C]// 2018 13th IEEE International Conference on Automatic Face & Gesture Recognition (FG 2018). Xi'an, China, 2018: 302-309.

[57] FAN X, DENG Z, WANG K, et al. Learning discriminative representation for facial expression recognition from uncertainties[C]// 2020 IEEE International Conference on Image Processing (ICIP). Abu Dhabi, UAE, 2020: 903-907.

[58] LI Y J, LU Y, LI J X, et al. Separate loss for basic and compound facial expression recognition in the wild[C]// Asian Conference on Machine Learning. Nagoya, Japan, 2019: 897-911.

[59] SHAO J, QIAN Y. Three convolutional neural network models for facial expression recognition in the wild[J]. Neurocomputing, 2019,355:82-92.

[60] MA F, SUN B, LI S. Robust facial expression recognition with convolutional visual transformers[J]. arXiv preprint, arXiv:2103.16854v2.

[61] XUE F, WANG Q, GUO G. Transfer: Learning relation-aware facial expression representations with transformers[C]// Proceedings of the IEEE/CVF International Conference on Computer Vision. 2021: 3601-3610.

[62] JIANG P, LIU G, WANG Q, et al. Accurate and reliable facial expression recognition using advanced softmax loss with fixed weights[J]. IEEE Signal Processing Letters, 2020, 27:725-729.

[63] WEN G, CHANG T, LI H, et al. Dynamic objectives learning for facial expression recognition[J]. IEEE Transactions on Multimedia,2020, 22(11): 2914-2925.

[64] VEIT A, ALLDRIN N, CHECHIK G, et al. Learning from noisy large-scale datasets with minimal supervision[C]// Proceedings of the IEEE Conference on Computer Vision and Pattern Recognition. Honolulu,HI,USA, 2017:839-847.

[65] LI Y, YANG J, SONG Y, et al. Learning from noisy labels with distillation[C]// Proceedings of the IEEE International Conference on Computer Vision. Venice, Italy, 2017: 1910-1918.

[66] ZENG J, SHAN S, CHEN X. Facial expression recognition with inconsistently annotated datasets[C]// Proceedings of the European Conference on Computer Vision (ECCV). Munich,Germany, 2018: 222-237.

[67] WANG K, PENG X, YANG J, et al. Suppressing uncertainties for large-scale facial expression recognition[C]// 2020 IEEE/CVF Conference on Computer Vision and Pattern Recognition (CVPR). Seattle,WA,USA,2020: 6896-6905.

［68］BARROS P, CHURAMANI N, SCIUTTI A. The facechannel：a fast and furious deep neural network for facial expression recognition［J］. SN Computer Science, 2020,1(6)：1-10.

［69］RYUMINA E, DRESVYANSKIY D, KARPOV A. In search of a robust facial expressions recognition model：A large-scale visual cross-corpus study［J］. Neurocomputing, 2022, 514：435-450.

［70］ALLAERT B, WARD I R, BILASCO I M, et al. A comparative study on optical flow for facial expression analysis［J］. Neurocomputing, 2022, 500：434-448.

［71］LI H, WANG N, DING X, et al. Adaptively learning facial expression representation via cf labels and distillation［J］. IEEE Transactions on Image Processing, 2021, 30：2016-2028.

［72］PUNURI S B, KUANAR S K, KOLHAR M, et al. Efficient net-xgboost：an implementation for facial emotion recognition using transfer learning［J］. Mathematics, 2023, 11(3)：776.

［73］EKMAN P, FRIESEN W. Facial action coding system：A technique for the measurement of facial movement［M］. Palo Alto：Consulting Psychologists Press, 1978：12.

［74］AMOS B, LUDWICZUK B, SATYANARAYANAN M. Openface：a general-purpose face recognition library with mobile applications［R］. CMU-CS-16-118, CMU School of Computer Science,2016 .

［75］CHENGJUN LIU, WECHSLER H. Gabor feature based classification using the enhanced fisher linear discriminant model for face recognition［J］. IEEE Transactions on Image Processing, 2002, 11(4)：467-476.

［76］TANG Y. Deep learning using linear support vector machines［J］. arXiv Preprint arXiv：1306.0239.

［77］JI Y, HU Y, YANG Y, et al. Cross-domain facial expression recognition via an intra-category common feature and inter-category distinction feature fusion network

［J］. Neurocomputing, 2019, 333:231-239.

［78］SHOME D, KAR T. Fedaffect: Few-shot federated learning for facial expression recognition［C］// Proceedings of the IEEE/CVF International Conference on Computer Vision. 2021: 4168-4175.

［79］ZHENG Z, RASMUSSEN C, PENG X. Student-teacher oneness: A storage-efficient approach that improves facial expression recognition［C］// Proceedings of the IEEE/CVF International Conference on Computer Vision. 2021: 4077-4086.

［80］WANG Z, ZENG F, LIU S, et al. Oaenet: Oriented attention ensemble for accurate facial expression recognition［J］. Pattern Recognition, 2021, 112: 107694.

［81］HUANG G, LIU Z, VAN DER MAATEN L, et al. Densely connected convolutional networks［C］// Proceedings of the IEEE Conference on Computer Vision and Pattern Recognition. Honolulu,HI,USA, 2017: 4700-4708.

［82］SZEGEDY C, VANHOUCKE V, IOFFE S, et al. Rethinking the inception architecture for computer vision［C］// 2016 IEEE Conference on Computer Vision and Pattern Recognition (CVPR). Las Vegas,NU,USA, 2016:2818-2826.

［83］DENG J, DONG W, SOCHER R, et al. Imagenet: A large-scale hierarchical image database［C］// 2009 IEEE Conference on Computer Vision and Pattern Recognition. Miami,FL,USA, 2009: 248-255.

［84］LI S, DENG W. Reliable crowdsourcing and deep locality preserving learning for unconstrained facial expression recognition［J］. IEEE Transactions on Image Processing, 2019, 28(1): 356-370.

［85］HUANG C. Combining convolutional neural networks for emotion recognition ［C］// 2017 IEEE MIT Undergraduate Research Technology Conference (URTC). Cambridge,MA,USA, 2017: 1-4.

［86］ZHANG Y, WANG C, LING X, et al. Learn from all: Erasing attention consistency for noisy label facial expression recognition［C］// European Conference on Computer Vision. Tel Aviv,Israsel, 2022: 418-434.

［87］FAN Y, LAM J C, LI V O. Multi-region ensemble convolutional neural network

for facial expression recognition[C]// International Conference on Artificial Neural Networks. Bangkok,Tailland, 2018: 84-94.

[88] LIN F, HONG R, ZHOU W, et al. Facial expression recognition with data augmentation and compact feature learning[C]// 2018 25th IEEE International Conference on Image Processing (ICIP). Athens,Greece, 2018:1957-1961.

[89] DOSOVITSKIY A, BEYER L, KOLESNIKOV A, et al. An image is worth 16×16 words: Transformers for image recognition at scale[C]// International Conference on Learning Representations. 2021.

[90] WANG W, XIE E, LI X, et al. Pyramid vision transformer: A versatile backbone for dense prediction without convolutions[C]// Proceedings of the IEEE/CVF International Conference on Computer Vision. 2021:568-578.

[91] XIE S, HU H, WU Y. Deep multi-path convolutional neural network joint with salient region attention for facial expression recognition [J]. Pattern Recognition, 2019, 92:177-191.

[92] FU J, LIU J, TIAN H, et al. Dual attention network for scene segmentation[C]// Proceedings of the IEEE/CVF Conference on Computer Vision and Pattern Recognition. Long Beach, CA,USA,2019: 3146-3154.

[93] HU J, SHEN L, SUN G. Squeeze-and-excitation networks[C]// Proceedings of the IEEE Conference on Computer Vision and Pattern Recognition. Salt Lake City, UT, USA,2018: 7132-7141.

[94] WOO S, PARK J, LEE J Y, et al. Cbam: Convolutional block attention module [C]// Proceedings of the European Conference on Computer Vision (ECCV). Munich Germany, 2018: 3-19.

[95] VASWANI A, SHAZEER N, PARMAR N, et al. Attention is all you need[C]// Advances in Neural Information Processing Systems. Long Beach, CA, USA, 2017: 5998-6008.

[96] TOUVRON H, CORD M, DOUZE M, et al. Training data-efficient image transformers & distillation through attention[C]// International Conference on Machine

Learning. 2021: 10347-10357.

［97］HAN K, XIAO A, WU E, et al. Transformer in transformer［J］. Advances in Neural Information Processing Systems, 2021, 34: 15908-15919.

［98］HUANG Q, HUANG C, WANG X, et al. Facial expression recognition with grid-wise attention and visual transformer［J］. Information Sciences, 2021, 580: 35-54.

［99］MA F, SUN B, LI S. Facial expression recognition with visual transformers and attentional selective fusion［J］. IEEE Transactions on Affective Computing, 2023, 14(2): 1236-1248.

［100］GUO Y, ZHANG L, HU Y, et al. MS-Celeb-1M: A dataset and benchmark for large-scale face recognition［C］// European Conference on Computer Vision. Amsterdam, Netherlands: Springer, 2016: 87-102.

［101］SELVARAJU R R, COGSWELL M, DAS A, et al. Grad-cam: Visual explanations from deep networks via gradient-based localization［C］// Proceedings of the IEEE International Conference on Computer Vision. Venice, Italy, 2017: 618-626.

［102］SHE J, HU Y, SHI H, et al. Dive into ambiguity: Latent distribution mining and pairwise uncertainty estimation for facial expression recognition［C］// Proceedings of the IEEE/CVF conference on Computer Vision and Pattern Recognition. 2021: 6248-6257.

［103］SUN M, CUI W, ZHANG Y, et al. Attention-rectified and texture-enhanced cross-attention transformer feature fusion network for facial expression recognition［J］. IEEE Transactions on Industrial Informatics, 2023, 19(1): 1-10.

［104］ZHAO Z, LIU Q, ZHOU F. Robust lightweight facial expression recognition network with label distribution training［C］// Proceedings of the AAAI Conference on Artificial Intelligence. 2021: 3510-3519.

［105］LI H, LI Q. End-to-end training for compound expression recognition［J］. Sensors, 2020, 20(17): 4727.

［106］LIU Z, LIN Y, CAO Y, et al. Swin transformer: Hierarchical vision transformer using shifted windows［C］// Proceedings of the IEEE/CVF International Conference on Computer Vision. 2021:10012-10022.

［107］LI Z, ZHENG J. Single image brightening via exposure fusion［C］// 2016 IEEE International Conference on Acoustics, Speech and Signal Processing (ICASSP). Shanghai, China, 2016: 1756-1760.

［108］LI Z, WEI Z, WEN C, et al. Detail-enhanced multi-scale exposure fusion［J］. IEEE Transactions on Image Processing, 2017,26(3):1243-1252.

［109］ZHENG C, LI Z, YANG Y, et al. Single image brightening via multi-scale exposure fusion with hybrid learning［J］. IEEE Transactions on Circuits and Systems for Video Technology, 2021,31(4):1425-1435.

［110］REN W, LIU S, MA L, et al. Low-light image enhancement via a deep hybrid network［J］. IEEE Transactions on Image Processing, 2019,28(9): 4364-4375.

［111］KIM G, KWON D, KWON J. Low-lightgan: Low-light enhancement via advanced generative adversarial network with task-driven training［C］// 2019 IEEE International Conference on Image Processing (ICIP). Taipei, China, 2019: 2811-2815.

［112］JIANG Y, GONG X, LIU D, et al. Enlightengan: Deep light enhancement without paired supervision［J］. IEEE Transactions on Image Processing, 2021, 30: 2340-2349.

［113］YU Z, PENG W, LI X, et al. Remote heart rate measurement from highly compressed facial videos: An end-to-end deep learning solution with video enhancement［C］// Proceedings of the IEEE/CVF International Conference on Computer Vision. Seoul, Republic of Korea, 2019: 151-160.

［114］HARIS M, SHAKHNAROVICH G, UKITA N. Task-driven super resolution: Object detection in lowresolution images［C］// International Conference on Neural Information Processing. Bali, Indonesia, 2021: 387-395.

[115] TANG L, YUAN J, MA J. Image fusion in the loop of high-level vision tasks: A semantic-aware real-time infrared and visible image fusion network[J]. Information Fusion, 2022, 82:28-42.

[116] YAN T, SHI J, LI H, et al. Discriminative information restoration and extraction for weakly supervised low-resolution fine-grained image recognition[J]. Pattern Recognition, 2022, 127:108629.

[117] LIU Z, MAO H, WU C Y, et al. A convnet for the 2020s[C]// Proceedings of the IEEE/CVF Conference on Computer Vision and Pattern Recognition. New Orleans, LA, USA, 2022: 11976-11986.

[118] ZHAO H, KONG X, HE J, et al. Efficient image super-resolution using pixel attention[C]//Computer Vision-ECCV 2020 Workshops: Glasgow, UK, August 23-28, 2020, Proceedings, Part III 16. Springer International Publishing, 2020: 56-72.

[119] MALLAT S G. A theory for multiresolution signal decomposition: the wavelet representation [J]. IEEE Transactions on Pattern Analysis and Machine Intelligence, 1989, 11(7): 674-693.

[120] HUANG H, HE R, SUN Z, et al. Wavelet-srnet: A wavelet-based cnn for multi-scale face super resolution[C]// Proceedings of the IEEE International Conference on Computer Vision. Venice, Italy, 2017: 1689-1697.

[121] QIAN R, TAN R T, YANG W, et al. Attentive generative adversarial network for raindrop removal from a single image[C]// Proceedings of the IEEE conference on Computer Vision and Pattern Recognition. Salt Lake City, UT, USA, 2018: 2482-2491.

[122] WANG Z, BOVIK A C, SHEIKH H R, et al. Image quality assessment: from error visibility to structural similarity[J]. IEEE Transactions on Image Processing, 2004, 13(4): 600-612.

[123] LV F, LI Y, LU F. Attention guided low-light image enhancement with a large

scale low-light simulation dataset[J]. International Journal of Computer Vision, 2021, 129(7): 2175-2193.

[124] CHEN W, WANG W, YANG W, et al. Deep retinex decomposition for low-light enhancement[C]// British Machine Vision Conference. Seattle WA, USA, 2018.

[125] WANG S, ZHENG J, HU H M, et al. Naturalness preserved enhancement algorithm for non-uniform illumination images[J]. IEEE Transactions on Image Processing, 2013, 22(9): 3538-3548.

[126] ZHANG Y, ZHANG J, GUO X. Kindling the darkness: A practical low-light image enhancer[C]// Proceedings of the 27th ACM International Conference on Multimedia. Nice, France, 2019: 1632-1640.

[127] GUO C, LI C, GUO J, et al. Zero-reference deep curve estimation for low-light image enhancement[C]// Proceedings of the IEEE/CVF Conference on Computer Vision and Pattern Recognition. Seattle, WA, USA, 2020: 1780-1789.

[128] GUO X, LI Y, LING H. Lime: Low-light image enhancement via illumination map estimation[J]. IEEE Transactions on Image Processing, 2016, 26(2): 982-993.

[129] LI C, GUO J, PORIKLI F, et al. Lightennet: A convolutional neural network for weakly illuminated image enhancement[J]. Pattern Recognition Letters, 2018, 104: 15-22.

[130] LORE K G, AKINTAYO A, SARKAR S. LLNET: A deep autoencoder approach to natural low-light image enhancement[J]. Pattern Recognition, 2017, 61: 650-662.

[131] WEI C, WANG W, YANG W, et al. Deep retinex decomposition for low-light enhancement[J]. arXiv Preprint arXiv: 1808.04560.

[132] WANG L W, LIU Z S, SIU W C, et al. Lightening network for low-light image enhancement[J]. IEEE Transactions on Image Processing, 2020, 29: 7984-7996.

[133] ZHANG Y, GUO X, MA J, et al. Beyond brightening low-light images[J]. In-

ternational Journal of Computer Vision, 2021, 129(4): 1013-1037.

[134] YING Z, LI G, REN Y, et al. A new low-light image enhancement algorithm using camera response model[C]// Proceedings of the IEEE International Conference on Computer Vision Workshops. Venice, Italy, 2017: 3015-3022.

[135] ZHANG Y, WANG C, DENG W. Relative uncertainty learning for facial expression recognition[J]. Advances in Neural Information Processing Systems, 2021, 34: 17616-17627.

[136] ZHANG Y, TIAN Y, KONG Y, et al. Residual dense network for image super-resolution [C]// Proceedings of the IEEE Conference on Computer Vision and Pattern Recognition. Salt Lake City, UT, USA, 2018: 2472-2481.

[137] WANG X, YU K, WU S, et al. Esrgan: Enhanced super-resolution generative adversarial networks[C]// Proceedings of the European Conference on Computer Vision (ECCV) Workshops. Munich, Germany: Springer, 2018.

[138] CHENG B, WANG Z, ZHANG Z, et al. Robust emotion recognition from low quality and low bit rate video: A deep learning approach[C]// 2017 Seventh International Conference on Affective Computing and Intelligent Interaction (ACII). San Antonio, TX, USA, 2017: 65-70.

[139] WANG Z, CHANG S, YANG Y, et al. Studying very low resolution recognition using deep networks[C]// Proceedings of the IEEE Conference on Computer Vision and Pattern Recognition. Las Vegas, NV, USA, 2016: 4792-4800.

[140] LIU Z, LI L, WU Y, et al. Facial expression restoration based on improved graph convolutional networks [C]// MultiMedia Modeling: 26th International Conference, MMM 2020, Proceedings, Part II, Daejeon, Republic of Korea: Springer, 2020: 527-539.

[141] LIU B, AIT-BOUDAOUD D. Effective image super resolution via hierarchical convolutional neural network[J]. Neurocomputing, 2020, 374: 109-116.

[142] NAN F, JING W, TIAN F, et al. Feature super-resolution based facial expres-

sion recognition for multi-scale low-resolution images [J]. Knowledge-Based Systems, 2022, 236:107678.

[143] YAN Y, ZHANG Z, CHEN S, et al. Low-resolution facial expression recognition: A filter learning perspective[J]. Signal Processing, 2020, 169: 107370.

[144] KHAN R A, MEYER A, KONIK H, et al. Framework for reliable, real-time facial expression recognition for low resolution images [J]. Pattern Recognition Letters, 2013, 34(10): 1159-1168.

[145] SHEN F, LIU J, WU P. Low-resolution facial expression recognition based on texture mappingbased gcforest[C]// 2020 IEEE 2nd International Conference on Civil Aviation Safety and Information Technology (ICCASIT). Weihai, China, 2020: 289-294.

[146] LO L, RUAN B K, SHUAI H H, et al. Modeling uncertainty for low-resolution facial expression recognition [J]. IEEE Transactions on Affective Computing, 2024, 15(1):198-209.

[147] DONG C, LOY C C, HE K, et al. Learning a deep convolutional network for image superresolution[C]// Computer Vision-ECCV 2014: 13th European Conference, Proceedings, Part Ⅳ, Zurich, Switzerland,2014: 184-199.

[148] SHARMA S, KUMAR V. An efficient image super resolution model with dense skip connections between complex filter structures in generative adversarial networks[J]. Expert Systems with Applications, 2021, 186:115780.

[149] KIM J, LEE J K, LEE K M. Accurate image super-resolution using very deep convolutional networks[C]// Proceedings of the IEEE Conference on Computer Vision and Pattern Recognition. Las Vegas,NV,USA, 2016:1646-1654.

[150] GOODFELLOW I, POUGET-ABADIE J, MIRZA M, et al. Generative adversarial networks[J]. Communications of the ACM, 2020, 63(11): 139-144.

[151] LEDIG C, THEIS L, HUSZÁR F, et al. Photo-realistic single image super-resolution using a generative adversarial network[C]// Proceedings of the IEEE Con-

ference on Computer Vision and Pattern Recognition. Honolulu, HI, USA, 2017: 4681-4690.

[152] GUO H, ZHENG K, FAN X, et al. Visual attention consistency under image transforms for multilabel image classification [C]// Proceedings of the IEEE/CVF Conference on Computer Vision and Pattern Recognition. Long Beach, CA, USA, 2019: 729-739.

[153] ZHOU B, KHOSLA A, LAPEDRIZA A, et al. Learning deep features for discriminative localization[C]// Proceedings of the IEEE Conference on Computer Vision and Pattern Recognition. Las Vegas,NV,USA, 2016: 2921-2929.

[154] VAN DER MAATEN L, HINTON G. Visualizing data using T-SNE[J]. Journal of Machine Learning Research, 2008, 9(11):2579-2605.

[155] RABBI J, RAY N, SCHUBERT M, et al. Small-object detection in remote sensing images with end-toend edge-enhanced gan and object detector network[J]. Remote Sensing, 2020, 12(9): 1432.